全国优秀教材二等奖

“十三五”职业教育国家规划教材

ZHONGDENG ZHIYE XUEXIAO
QICHE LEI ZHUANYE GUIHUA JIAOCAI

中等职业学校汽车类专业规划教材

汽车维修涂装技术

主编　石光成

西南师范大学出版社
国家一级出版社　全国百佳图书出版单位

图书在版编目(CIP)数据

汽车维修涂装技术 / 石光成主编. 一 重庆 : 西南师范大学出版社, 2017.9(2022.3重印)

ISBN 978-7-5621-8661-8

Ⅰ.①汽… Ⅱ.①石… Ⅲ.①汽车－车辆修理②汽车－涂漆 Ⅳ.①U472.4

中国版本图书馆CIP数据核字(2017)第229149号

汽车维修涂装技术

QICHE WEIXIU TUZHUANG JISHU

主　编：石光成

主　审：袁　强　李朝东

总 策 划：杨景罡　曾　文

执行策划：翟腾飞　熊家艳　周明琼

责任编辑：曾　文

责任校对：鲁　艺

封面设计：杨　涵

出版发行：西南师范大学出版社

地址：重庆市北碚区天生路2号

邮编：400715

电话：023-68868624

网址：http://www.xscbs.com

印　　刷：重庆康豪彩印有限公司

幅面尺寸：185 mm×260 mm

印　　张：12

字　　数：307千字

版　　次：2017年9月 第1版

印　　次：2022年3月 第3次

书　　号：ISBN 978-7-5621-8661-8

定　　价：39.00元

尊敬的读者，感谢您使用西师版教材！如对本书有任何建议或要求，请发送邮件至xszjfs@126.com。

编委会

序言 XUYAN

随着我国经济发展和产业结构的调整，职业教育越来越凸现出其重要性，大力发展职业教育是当今举国之策，重庆市在这大背景下，下发了《中共重庆市委重庆市人民政府关于大力发展职业技术教育的决定》(渝委发〔2012〕11号)文件。该文件对培养现代制造业、现代服务业的高素质技能型紧缺人才的现代职业教育的发展起到了很大的政策支撑和引领作用。

由于汽车产业的快速发展，尤其是现代汽车新技术、新工艺的广泛应用，对汽车制造和汽车后市场人才的要求越来越高。然而，目前许多中职学校汽车运用与维修专业的办学软硬件设施还没有和市场真正接轨，没有适合学生的职业发展规律，更没有结合学校自身的实际情况。最为突出的是在专业教学方面，存在课程体系不合理、教学内容陈旧、教学方法落后等问题，完全不能满足现代汽车产业岗位职业能力培养的需求。

为了更好地满足中等职业学校汽车类专业的教学要求，体现职业教育特色，促进汽车专业人才的培养，我们一线教师和行业专家在广泛调研和深入实践的基础上，按"项目引领、任务驱动"的最新教学理念编写了这套中等职业学校汽车类专业教材。本系列教材共计17本，分别为《汽车文化》《汽车维修机械基础》《汽车维修基本技能》《汽车发动机基础维修》《汽车底盘基础维修》《汽车电气设备构造与维修》《汽车发动机电控系统检修》《汽车底盘电控技术》《汽车电工电子》《汽车车身电控技术》《汽车故障诊断与排除》《汽车维护与保养》《汽车美容与装饰》《汽车车身修复》《汽车维修涂装技术》《汽车评估》《汽车中级技能培训》。

本套教材是以市场人才需求为导向，围绕学生职业能力培养，结合中职学生职业教育规律进行编写的。其主要特点如下：

1.根据学生岗位职业和发展，教材体系体现了"宽、专、精"三个不同层面的内涵。提炼、整合了传统专业基础课程，拓宽专业基础知识、技能的实用性，满足不同岗位的需要；针对不同工种的工作需求，编写了不同工种的专门化核心专业课程；依据“知识够用、技能实用”原则，精细打造课程，实现与实际岗位工作任务无缝对接。

2.专业课程体例是按“任务驱动的‘理实一体化’”模式编写的，体现了以完成工作任务为目的、以应用为中心的职业技能教育特点，实施了“学中做，做中学”的理论与实践相结合的教学理念。

3.课程内容满足专业能力培养的需要。坚持“必需、够用”的原则，内容严谨、容量适宜、难易得当。

4.结合了汽车行业职业技能考核的要求，注重培养“双证”技能型人才。

5.注重学生职业道德与情感的培养，树立安全和环保的意识。

本套教材是在充分调研和深入实践的情况下，在重庆市多所职业学校和相关高校的一线专业课教师、“双师型”教师共同参与下研发、编写而成。这将更能体现其在实际教学中的适用性和地方特色，满足中职学校汽车运用与维修专业的人才培养要求，从而推动地方职业教育的教学改革，为我国汽车产业发展发挥积极的作用。

前言

QIANYAN

随着我国汽车产业的迅速发展，尤其是汽车新技术、新工艺的广泛应用，对汽车制造和汽车后市场人才要求越来越高。然而，目前许多中职学校汽车运用与维修专业课程体系没有体现当前汽车维修企业岗位职业能力培养的需求。

《汽车维修涂装技术》是以汽车维修企业涂装岗位的需求为导向，围绕学生职业能力培养，重点突出技能训练进行编写的。本教材分为五个项目共十个任务，其依据涂装修补典型工作任务和职业能力分析，按照工作任务和作业流程的安全防护，工具、设备和材料的使用，表面处理，泥子（旧称腻子）施工，中涂处理，调色，面漆喷涂，抛光清洁作为编写线索和主要内容。其特点具有：

1.充分体现了汽车维修涂装修补的工艺流程和技能，为以后进一步学习和实际工作打下坚实的职业能力基础。

2.提炼、整合了传统专业课程，进一步体现专业知识、技能的实用性、前瞻性。

3.按“任务引领、过程导向”的理实一体化教学模式编写，符合“学中做、做中学”的教学理念。

4.注重培养学生的专业学习兴趣、良好职业意识和情感。

5.在教材呈现形式上力求图文并茂、通俗易懂，使学生容易接受。

在教材编写中，借鉴了国内外职业教育的先进理念和教材体系，突出“以行业需求为导向、以能力为本位”的原则，充分体现实用性专业技能的培养，注重理论与实践的融合，弥补了专业技能的空缺。本书适合中等职业学校汽车运用与维修专业学生使用，也可作为汽修行业从业人员职业技能培训用书。

学时分配建议：建议安排在第2学年共2学期。每周按10学时分配，每学期按20周计，共计400学时。现将课时建议如下：

项目	任务	学时分配
涂装基础	任务一　安全与防护	10
	任务二　主要涂装设备和工具的使用	30
	任务三　汽车涂料认识	10
前处理工艺	任务一　表面处理	50
	任务二　泥子施工	90
中涂处理工艺	任务一　中涂底漆喷涂	30
	任务二　中涂底漆打磨	30
调色工艺	任　务　色漆调色	50
面漆工艺	任务一　面漆喷涂	50
	任务二　抛光处理	30
机动		20
总计		400

教材由石光成担任主编,袁强、李朝东担任主审,袁宁泽(编写项目一)、胡星伟(编写项目五)、傅晗(编写项目三)和杨雪(编写项目四)担任副主编,吴瑜和李孝林参与编写项目一任务三,陈建军和李开鋆参与编写项目一任务二,曾静和雷小丰参与编写项目四,胡振川和吴砚参与编写项目三任务二。本书在编写过程中,参考了大量的资料和文献,也得到了有关单位及个人的大力支持和帮助,如庞贝捷漆油贸易(上海)有限公司袁强、重庆商社博瑞进口汽车销售有限公司刘宁和重庆中升汇迪汽车销售服务有限公司陈杨等,在此一并表示衷心感谢。

由于编者水平有限,书中难免有不足之处,恳请广大读者批评指正。

目录

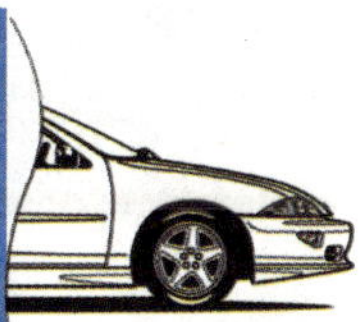

项目一　涂装基础

任务一　安全与防护

任务目标

目标类型	目标要求
知识目标	(1)能描述汽车涂装作业对人体健康的危害及预防保护方法 (2)能描述汽车涂装作业对环境的危害及处理方法 (3)能描述汽车涂装车间的防火防爆方法 (4)能描述汽车涂装设备的安全用电方法
技能目标	(1)能正确穿戴涂装作业的防护用品 (2)能正确处理涂装作业的“三废”物品 (3)能实施涂装作业的防火、防爆措施 (4)能做到涂装车间、设备和工具用电的安全
情感目标	(1)养成涂装的个人健康意识和防护习惯 (2)养成涂装的安全操作意识和防护习惯 (3)养成涂装的环境保护意识

任务描述

目前汽车在使用中造成的碰撞、剐蹭等损伤形式日益普遍，占企业维修工作任务的60%以上，这些损伤在钣金作业后必须要通过涂装修补来恢复。由于涂料本身的危害性和涂装修补作业的不安全性，往往会危及施工人员的身体健康，污染环境，甚至发生火灾及爆炸等重大安全事故。所以，严格遵守涂装作业的安全规范，执行国家劳动保护法，坚持健康与安全第一的观念是汽车维修企业和涂装工必备的素质。

任务准备

一、汽车涂装有害物质的危害与防护

由于在汽车涂装材料和涂装作业过程中易形成大量的有害物质，对人体、环境的危害极大，所以必须实施有效的防护措施来避免伤害，以保证生产的正常进行。

(一)主要危害物质

1. 挥发性有机物质

挥发性有机物质，如涂料中的溶剂、助剂等易挥发的有机物质。这些物质会对人体的肝脏、大脑、神经系统、生殖系统等造成损害，也会对环境造成极大的污染而影响大气环境质量。

2. 粉尘颗粒物质

粉尖颗粒物质主要有打磨时产生的粉尘和喷涂时形成的漆雾(含有大量重金属物质)。这些颗粒物质容易被吸入肺部，阻碍血液与氧交换，降低肺活量形成气喘；同时，也是大气尘粒物的来源，对大气环境形成污染和破坏。

3. 异氰酸酯物质

它主要指双组分涂料中固化剂里的有毒物质。异氰酸酯具有极强的毒害性，可导致咽喉发干、头疼、胸闷和呼吸困难等。

(二)对人体健康的危害及防护

1. 对人体健康的危害

(1)有害物质对人体健康存在极大的危害，见表1-1-1。危害部位如图1-1-1所示。

表1-1-1 涂装作业有害物质对人体健康的危害

危害部位	危害症状	危害部位	危害症状
大脑	急性中毒，大脑麻木、受损	肝脏	肝炎，急性肝衰
眼睛	眼黏膜、角膜受损	肠胃	恶心，呕吐，食欲不振
鼻子	鼻黏膜发干	肾脏	肾感染
口腔	呼吸困难，口腔黏膜发干，味觉紊乱，舌苔异常	生殖系统	影响精细胞、卵细胞和胚胎发育，导致不孕不育、早产或出生缺陷
皮肤	刺激皮肤红肿，引起湿疹	肌肉	萎缩无力
呼吸系统	咳，支气管炎、肺部肿大	骨髓	白血病
心脏	心律不齐	神经	体力下降，触觉减弱

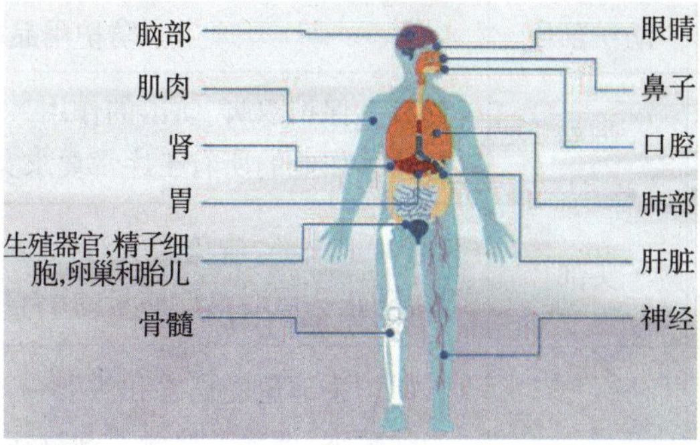

图 1-1-1 危害部位

(2)有害物质侵入人体的途径主要有肺吸收、皮肤吸收、肠胃吸收的方式。

(3)挥发性有机物质、粉尘颗粒物质在人体内的转移,如图 1-1-2 所示。

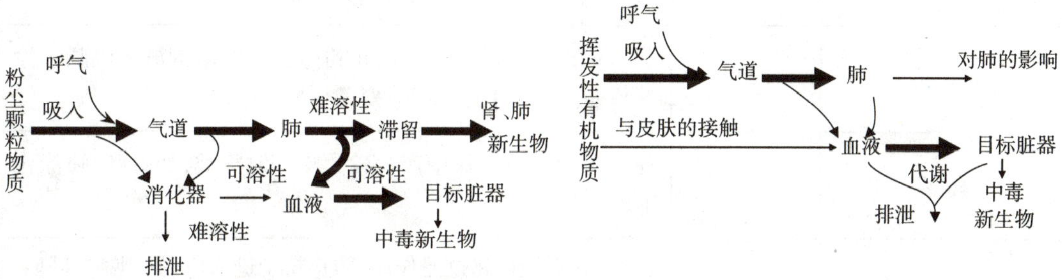

(备注)箭头的粗细表示了移动时量的关系

图 1-1-2 涂装挥发性有机物质、粉尘颗粒物质在人体内的转移

2. 个人防护

(1)个人防护的关键部位,主要有眼睛、皮肤、呼吸道等。

(2)个人防护用品及功能,见表 1-1-2。

表 1-1-2 防护用品类型及功能

防护用品类型		防护部位	防护用品功能
工作服	棉质工作服	身体躯干	(1)使操作人员身体免受漆雾、粉尘的侵入,防止操作时擦伤等 (2)除喷漆外的其他作业时穿用
	防静电喷漆服		(1)具备喷漆时防静电的保护功能,也可使操作人员身体免受漆雾、粉尘的侵入 (2)专用于喷漆作业

续表

防护用品类型		防护部位	防护用品功能
工作鞋		脚部	(1)具有保护双脚、防滑的作用 (2)涂装作业的所有工序都要求穿戴
工作帽		头部	具有保护头部,避免头发对粉尘、漆雾、溶剂的吸附。在喷漆时可防止头屑对喷漆质量的影响
手套	棉线手套	手部	(1)保护手部免受伤害和污染 (2)除喷漆、调漆及接触溶剂时穿戴
	乳胶手套		(1)保护手部免受溶剂、异氰酸化物的侵入 (2)一般在喷漆、调漆、清洁、原子灰搅拌时穿戴
	防溶剂手套		(1)有效保护手部免受溶剂侵入 (2)一般在洗枪、清洁调色工具和原子灰用具时穿戴
护目镜		眼睛	具有保护眼睛的作用。防止粉尘、漆雾、溶剂溅入眼睛。涂装作业的所有工序都要求穿戴
耳塞		耳	保护听力。在操作中产生较大噪声时穿戴,如打磨、喷涂作业时
呼吸保护装置	防尘口罩	面部和呼吸器官,包括脸、眼、鼻、口腔、喉咙、支气管、肺,以及其他内脏、神经等	(1)具有对微粒物过滤作用,防止粉尘进入口、鼻、咽喉和肺 (2)在产生粉尘的作业工序时穿戴,如打磨、吹尘、清洁作业等
	过滤式防毒面罩		(1)具有过滤一般防尘口罩不能阻止的更小的微粒物、烟雾和挥发性有机物的作用,可以过滤单组分油漆以及其他非异氰酸酯类漆料的喷雾和蒸汽。这是属于被动保护措施 (2)在喷涂(不含异氰酸酯类漆料)、洗枪、调配涂料及颜色、除油、原子灰搅拌及刮涂等时穿戴 提示:在施工环境空气中氧含量低于19.5%时,或喷涂含异氰酸酯类漆料时不可使用过滤式防毒面罩!
	供气式面罩		(1)具备隔绝施工环境的污染空气的作用,将过滤的压缩空气提供给施工人员,保证空气的清洁、新鲜,达到保护呼吸的目的,是最为安全的保护方式。这是利用清洁、新鲜的压缩空气,不受施工环境空气影响,保护效果更好,属于主动保护措施 (2)主要用于喷涂作业。提倡在任何喷涂作业时都采用供气式面罩 提示:在施工环境空气中氧含量低于19.5%时,或喷涂含异氰酸酯类漆料时一定要使用供气式面罩!

(3)个人防护的规范。不同涂装作业工序和作业内容,有害物质及其侵入方式不同,存在的危害不同,个人防护的要求也不同。涂装作业防护用品的选用,见表1-1-3。

表1-1-3　涂装作业防护用品选用

工序	可能存在的危害	棉质工作服	防静电喷漆服	工作鞋	工作帽	护目镜	耳塞	防尘口罩	过滤式防毒面罩	供气式面罩	棉线手套	乳胶手套	防溶剂手套
清洗	淋湿身体、伤害眼睛	√		√	√	√						√	
除油	接触眼、皮肤,吸入有毒气体	√		√	√	√			√			√	▲
化学法除漆、除锈	接触眼、皮肤,吸入有毒气体	√		√	√	√			√				√
物理法除漆、除锈	吸入粉尘,伤害手、耳、眼睛等	√		√	√	√	√	√			√		
泥子的搅拌、刮涂	接触眼、皮肤,吸入有毒气体	√		√	√	√			√			√	
干磨	吸入粉尘,伤害手、耳、眼睛等	√		√	√	√	√	√			√		
调色	接触眼、皮肤,吸入有毒气体	√		√	√	√	√			√		√	
调配涂料	接触眼、皮肤,吸入有毒气体	√		√	√	√			√			√	
喷涂	接触眼、皮肤,吸入有毒气体		√	√	√	√	√			√		√	
贴护	一般保护	√		√	√	√							
清洗喷枪、喷壶、调漆尺、刮刀(也称灰刀)等	接触眼、皮肤,吸入有毒气体	√	▲	√	√	√	√		√	▲			√

续表

工序	可能存在的危害	棉质工作服	防静电喷漆服	工作鞋	工作帽	护目镜	耳塞	防尘口罩	过滤式防毒面罩	供气式面罩	棉线手套	乳胶手套	防溶剂手套
烘烤干燥	烫伤	√		√	√	√					√		
抛光打蜡	接触眼、皮肤，吸入有毒气体、粉尘	√		√	√	√	√	√			√		▲
板件准备、检查	划伤	√		√	√	√					√		
清洁整理	接触眼、皮肤，吸入有毒气体、粉尘	√	▲	√	√	√	√	√	▲		√	▲	▲

注：√表示选用项，▲表示该同类防护品可选用项。

（三）对环境的危害及处理方法

涂装作业中易形成废水、废气、废渣的“三废”物质。清洁时会产生大量的污水；涂料使用中易产生大量的挥发性有机物，打磨时易产生大量的粉尘等废气；涂装时形成的废涂料、原子灰、遮蔽纸、除油布、手套等废渣。

“三废”物质中含有大量的危害人体、环境的有害物质，包括大量的挥发性有机物、尘粒物质、重金属物质等。必须按照国家环境保护法的规定，规范地处理“三废”物质，降低对环境的污染。

（1）废水。应按国家工业废水处理标准分级处理。

（2）废气。可按活性炭吸附法、催化燃烧法、液体吸附法和直接燃烧法来处理。

（3）废渣。可按分类处理和循环使用原则处理。对无法再使用的可在专门的焚烧炉内烧毁，或在规定的场所掩埋处理。

二、防火、防爆

汽车涂装车间由于使用或存放大量的涂料、稀释剂等易燃易爆的危险物品，极易造成火灾和爆炸事故，危及人和物的安全。因此，在涂装作业时必须严格执行防火、防爆的安全措施。

（一）危险物质燃烧、爆炸特性

危险物质的闪点、燃点和爆炸范围等特性不同，其燃烧、爆炸的危险性不同，采取的防范措施和方法也不同。

1. **闪点**

用可燃性物质产生的易燃气体与火源接触后产生燃烧的最低温度来表示。不同涂料的闪点不同，发生燃烧的特性也不一样。常见涂料的闪点，见表1-1-4。

表1-1-4 常见涂料的闪点

涂料种类	闪点
油性基础涂料、合成树脂磁漆涂料	70~200 ℃
脱漆剂、硝基单组分漆、合成树脂涂料用稀释剂等	21~70 ℃
硝基漆、稀释料	低于21 ℃

2. **燃点**

可燃物质没有接触外部火源而自燃起火的最低温度叫燃点。

3. **爆炸极限(爆炸范围)**

溶剂蒸气与空气按一定比例混合达到一定浓度时，有火源就会引起爆炸。最低的混合浓度叫爆炸下限，最高的混合浓度叫爆炸上限。混合浓度从下限到上限就是其爆炸极限或称爆炸范围。

(二)防火、防爆措施

1. **火源的管理**

务必遵守禁止明火的规定。在规定的一定区域，不要使用火源，不能吸烟，不要将暖炉、电热器等放在易燃物周围等。

2. **废弃物的处理**

沾油手套、除油布等，用后要放在铁制或防燃的容器内，不能大量长时间堆积以防止自燃起火；纸箱、杂物、纤维类等物品不要储藏在有火源或可能起火的地方；下水道等不要倒废弃油漆，要打扫干净，防止起火燃烧。

3. **电气设备的防灾**

使用过大的保险丝或灯芯，乱接线路，乱用插头，使用功率过大的电气设备都可能引起火灾。储藏地方要使用防爆电气设备，同时，电气设备的维护、操作应有专人管理。

4. **危险物的处理**

在规定的地方储藏、使用危险物，不要出现磕碰、摩擦等危险操作，要使用防爆电气装置。储藏或使用的场所要做到常态下的通风并避免阳光直射。含溶剂的物品须密封，盖好在容器里，作业现场存放量要少。油性涂料、聚酯泥子废料和使用后的棉纱等要放在水内浸泡。

5. 静电的防止

采用防静电环氧地坪，调漆机、洗枪机等采取防静电接地。

6. 通风排气

在作业现场、存储区域要安装通风装置，保证足够的通风换气。

7. 配备足够、有效的安全器材

在作业现场、存储区域要配备足够、有效的安全器材，相关人员能熟练掌握灭火的操作方法。

任务实施

涂装作业个人防护用品的正确穿戴

一、作业准备

	1. 防护用品的准备 准备好所有需要使用的防护用品。
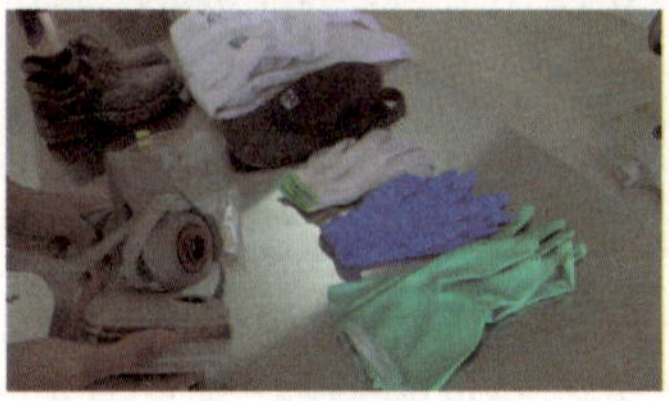	2. 防护用品的检查 检查所有防护用品正常与否，尤其是防毒面具中过滤棉的使用状况。

二、操作步骤

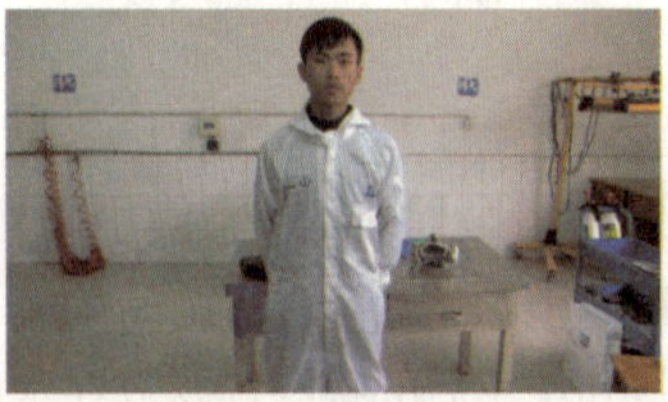	1. 穿戴工作服 穿戴的工作服应干净，大小得体。 提示：喷涂作业时应穿防静电工作服。

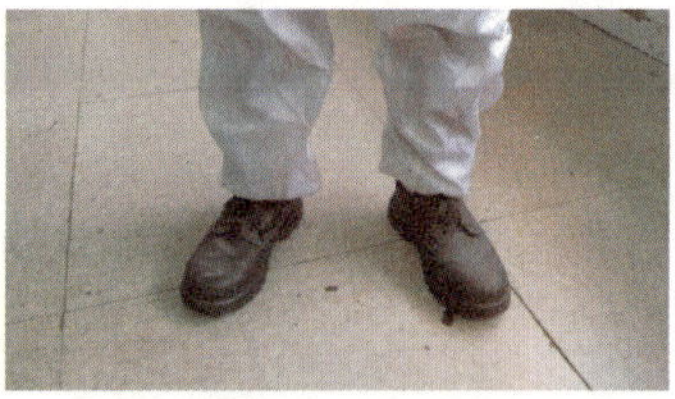	2. 穿戴工作鞋 穿戴的工作鞋应大小得体，具有防滑和保护的性能。
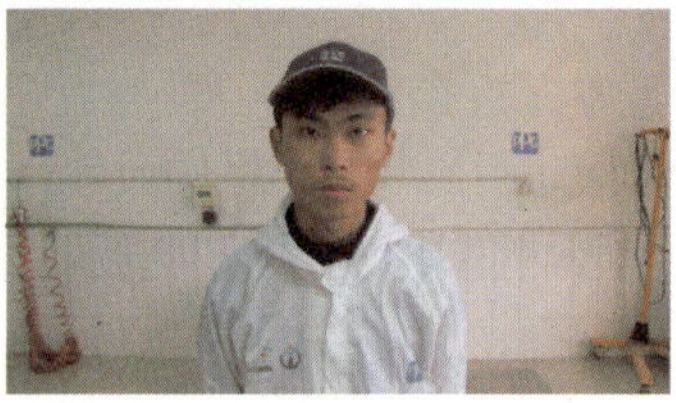	3. 穿戴工作帽 穿戴的工作帽应大小得体，松紧适当。 提示：喷涂时可戴上连体工作服的帽子遮蔽头发。
	4. 穿戴防护眼镜 穿戴的防护眼镜应松紧适当，具有良好的防尘、防液作用，视线清晰。
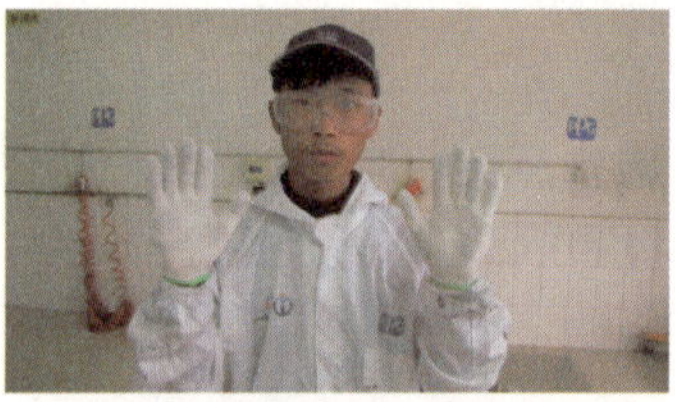	5. 穿戴防护手套 （1）穿戴棉纱手套。保证与指形吻合，松紧适当，手指灵活。
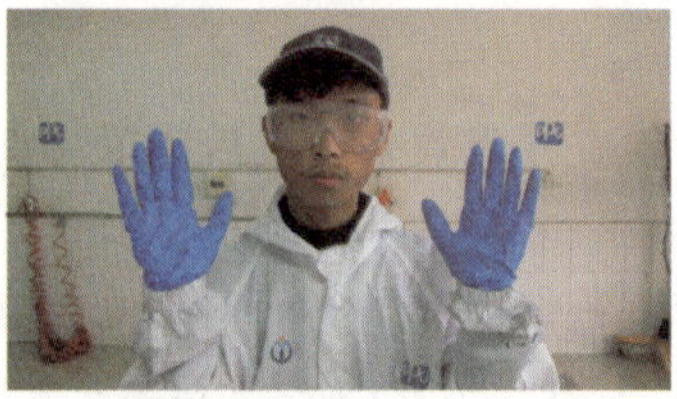	（2）穿戴尼龙手套。保证与指形吻合，松紧适当，手指灵活。
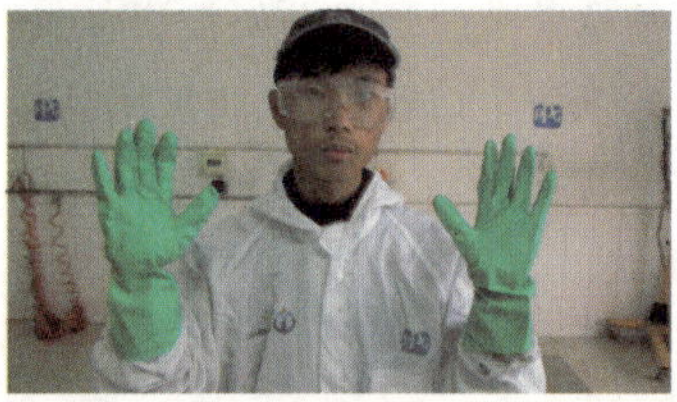	（3）穿戴防溶剂手套。保证与指形吻合，松紧适当，手指灵活。

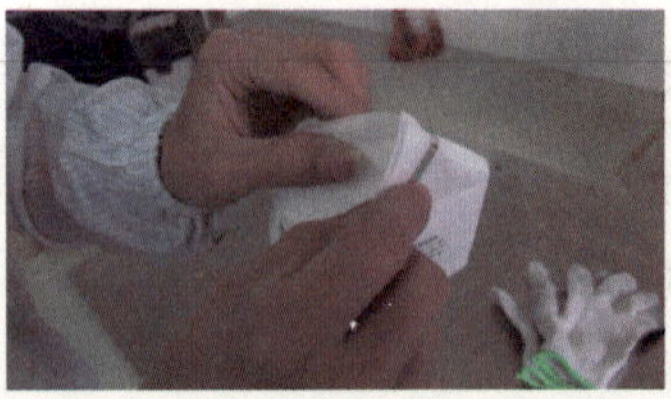	6. 穿戴防尘口罩 (1)打开、穿戴防尘口罩,并调整鼻夹的角度。
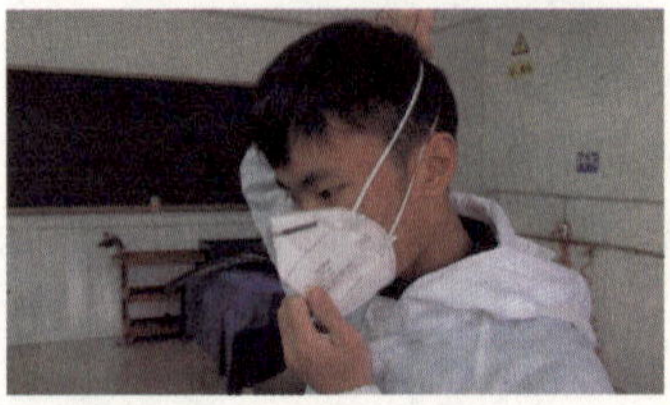	(2)把防尘口罩托于下巴(颔)处,将下方的拉紧带绕过头顶置于颈后耳朵的下方。
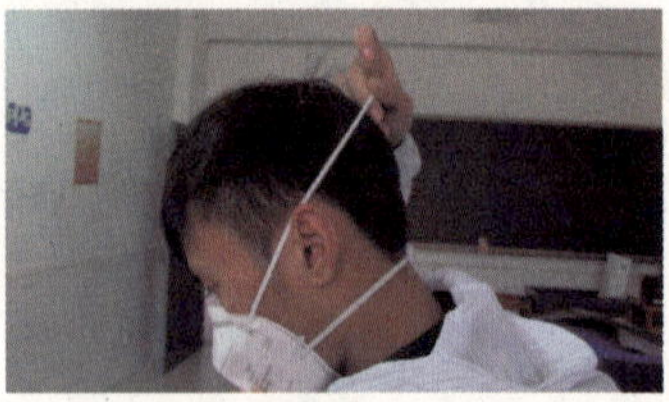	(3)将上方的拉紧带绕过头顶置于颈后耳朵的上方。
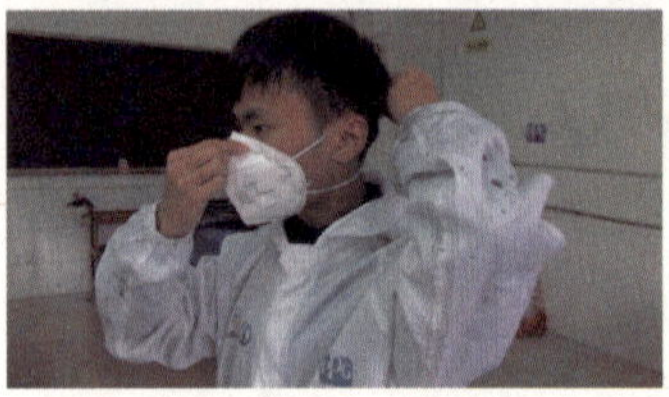	(4)调整鼻夹、口罩和拉紧带的位置和松紧,检查口罩穿戴的舒适性。
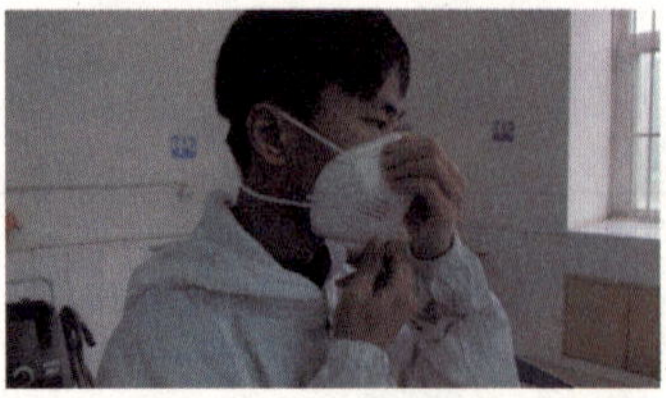	(5)检查穿戴效果。包括口罩与脸部的密封和防尘性。 提示:穿戴后既要呼吸正常,也要有足够的密封性。大力呼气时,如空气从鼻夹处泄出,可调整鼻夹位置和松紧;如空气从口罩边缘处泄出,可调整拉紧带的位置和松紧。 (6)拆下防尘口罩,放入防护用品袋。 提示:应保持防尘口罩的清洁和防护性能,并及时更换。

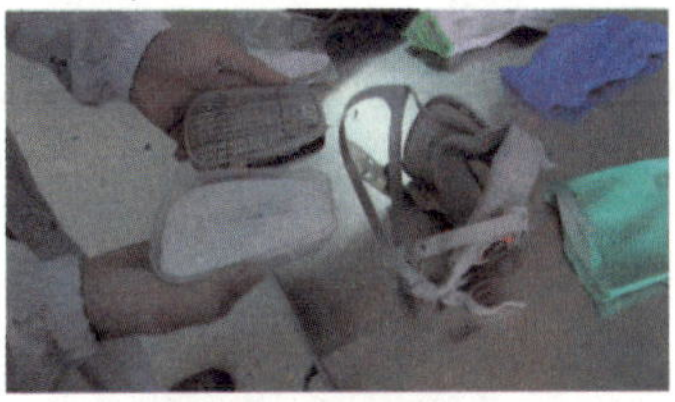	7. 穿戴防毒面罩 (1)取出防毒面罩,检查、安装活性炭过滤盒。
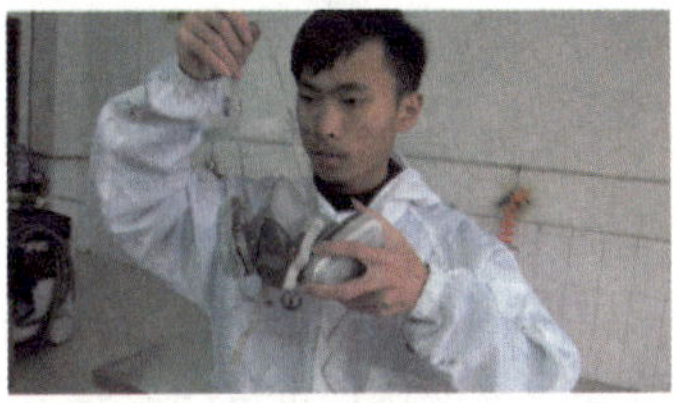	(2)将防毒面罩置于胸前,并将下面的拉紧带拉向颈后扣住。
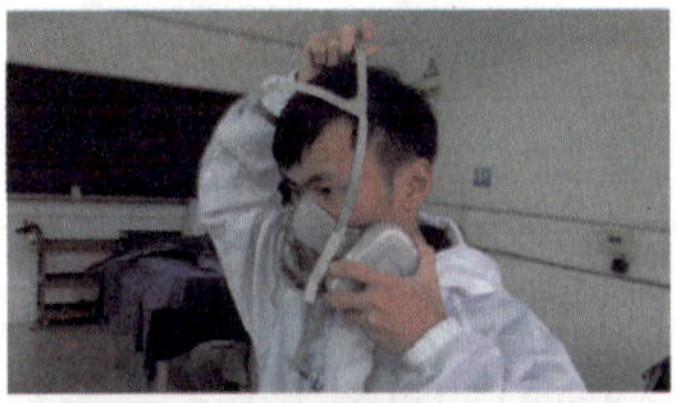 	(3)将防毒面罩置于口、鼻和脸部对应位置,并将上面的拉紧带圈拉向头颈处扣住。
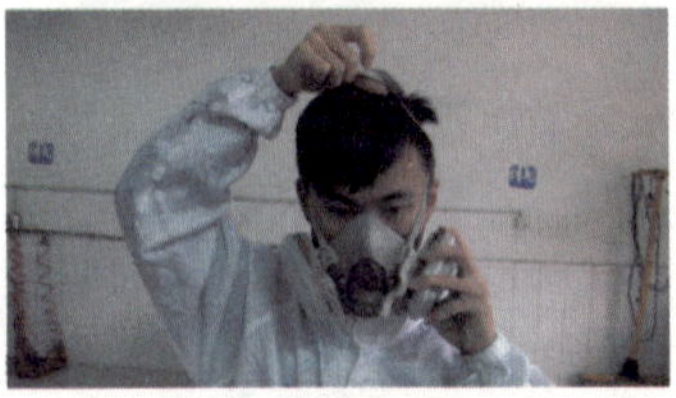	(4)调整防毒面罩在脸部的位置,要对应好口、鼻和脸,松紧适当,保证舒适性。可通过防毒面罩的上、下带圈调整松紧。
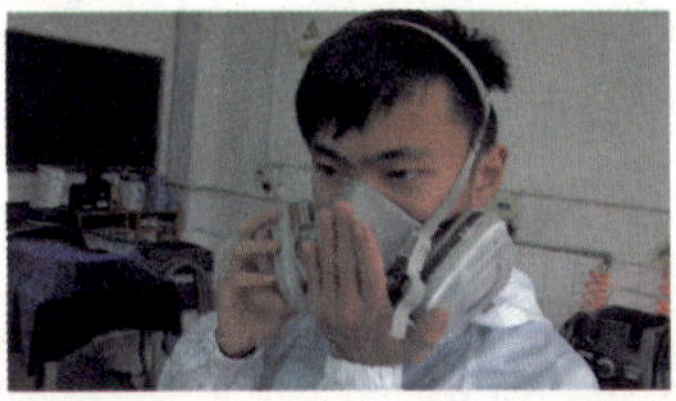	(5)正压检查,测试防毒面罩的密封性。 提示:如穿戴的防毒面罩密封性达不到要求,不能接触有毒气体或进入污染区域。

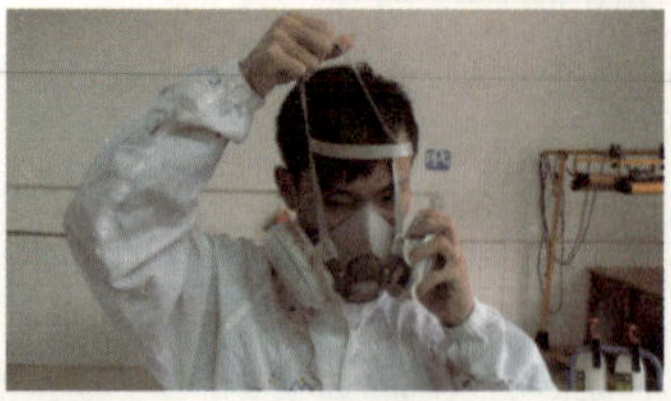	(6)拆下防毒面罩。按穿戴的反序拆下防毒面罩。
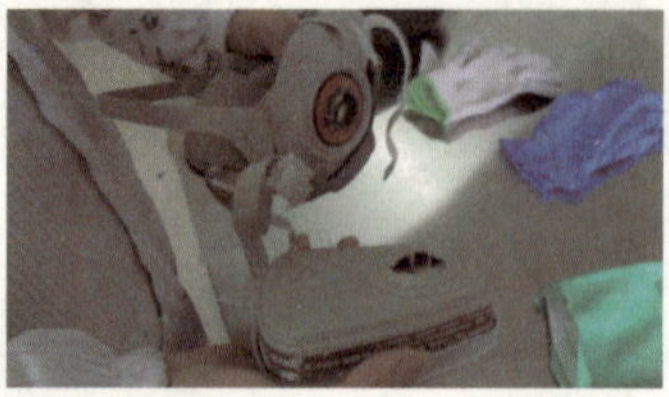	(7)拆下活性炭过滤盒放入密封袋,清洁防毒面罩并放回袋中。 提示:活性炭过滤盒需密封保管以延长使用寿命;防毒面罩需保证清洁和酒精消毒处理,并做到专人专用。
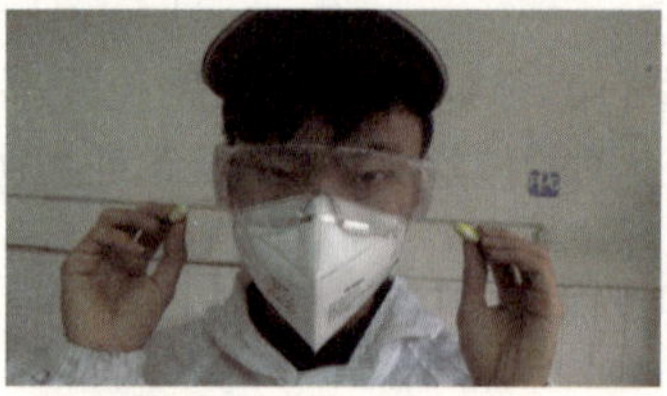	8. 打磨作业的防护用品穿戴 (1)穿戴好工作服、工作鞋。 (2)戴好防尘口罩。 (3)戴好防护眼镜。 提示:可将防护眼镜框稍微下移,架放在防尘口罩的鼻夹上,防止呼吸时在眼镜上形成雾气,影响视线。
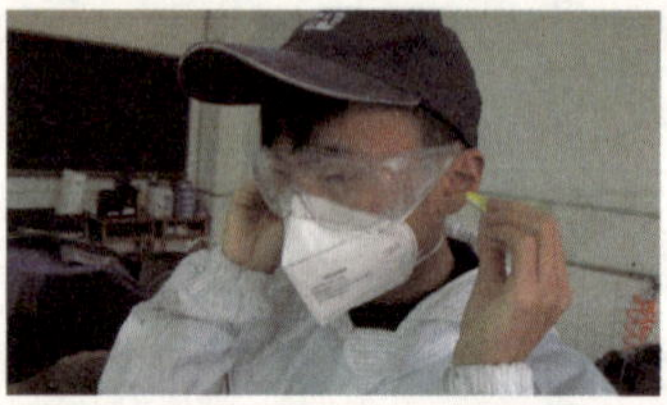	(4)戴好工作帽、耳塞。
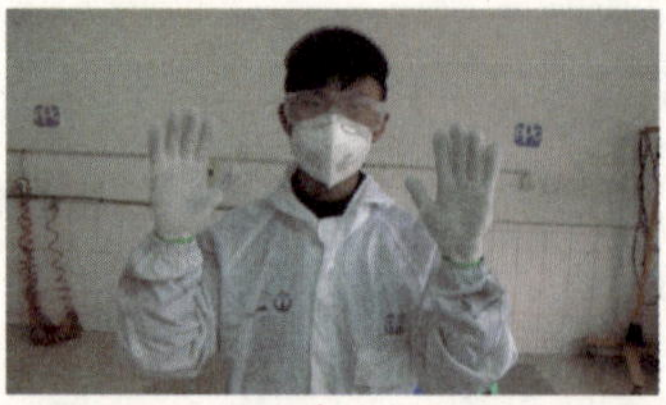	(5)戴好棉纱手套。

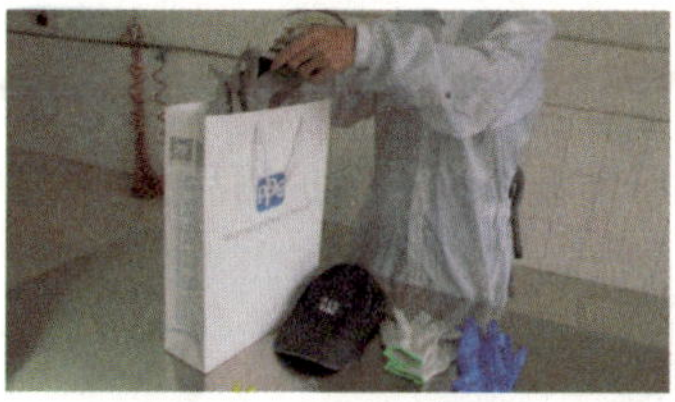	(6)反向顺序拆下防护用品，放回袋中。
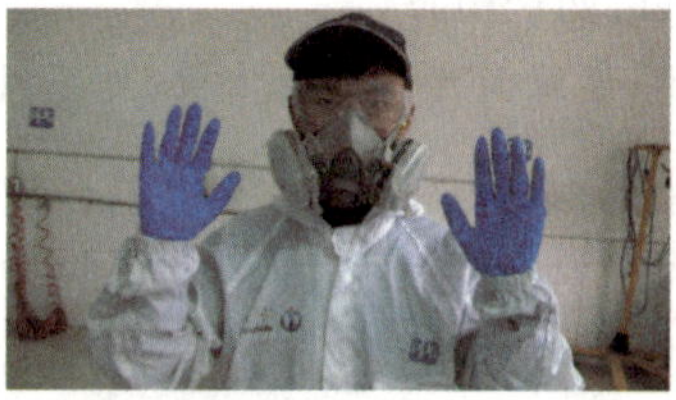	9. 调色、喷涂和调配作业的防护用品穿戴 (1)穿戴好工作服、工作鞋。 (2)穿戴好工作服上的连体工作帽。 (3)戴好防毒面罩。 提示：喷涂作业时选用供气式防毒面具效果更好。 (4)戴好防护眼镜。 (5)戴好尼龙手套。
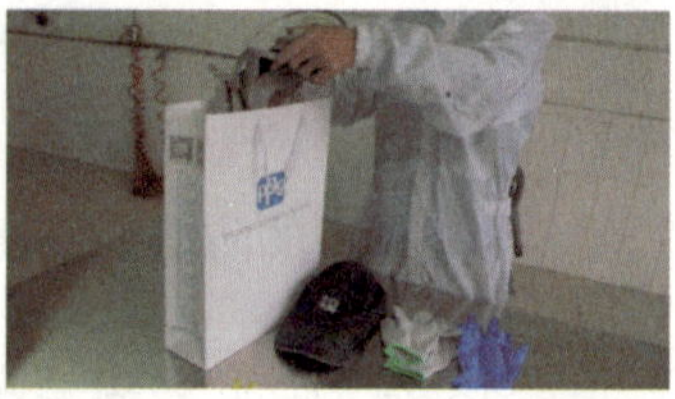	(6)反向顺序拆下防护用品，放回袋中。
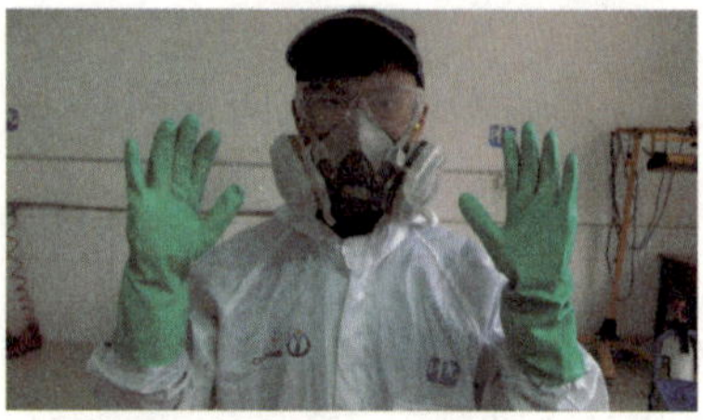	10. 除油、喷枪和喷壶清洗、原子灰搅拌和刮涂作业的防护用品穿戴 (1)穿戴好工作服、工作鞋。 (2)穿戴好工作帽。 (3)戴好防毒面罩。 (4)戴好防护眼镜。 (5)戴好防溶剂手套。 提示：与液态溶剂直接接触时必须佩戴厚型的防溶剂手套，严防溶剂与人体的接触；在搅拌和刮涂流体的原子灰时，为了操作方便，可佩戴薄的尼龙手套或棉纱手套。

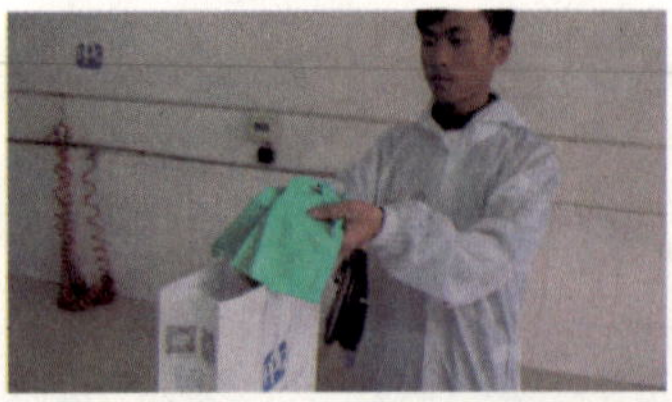	(6)反向顺序拆下防护用品,放回袋中。
	11. 清洁、整理 按照“5S”规范清洁、整理工位和设备等,并佩戴正确的防护用品。 提示:遮蔽时为了作业方便,可不戴手套进行操作。

任务检测

一、选择题

1. 清洗喷枪时应选用的防护手套是(　　)。
   A. 棉纱手套　　B. 薄型的尼龙手套　　C. 厚型的防溶剂手套
2. 打磨羽状边应选用的防护手套是(　　)。
   A. 棉纱手套　　B. 薄型的尼龙手套　　C. 厚型的防溶剂手套
3. 调色应选用的防护手套是(　　)。
   A. 棉纱手套　　B. 薄型的尼龙手套　　C. 厚型的防溶剂手套
4. 除旧漆层时应选用的防护口罩是(　　)。
   A. 防灰口罩　　B. 防毒面具　　C. 供气式防毒面具
5. 喷涂时应选用的防护口罩是(　　)。
   A. 防灰口罩　　B. 防毒面具　　C. 供气式防毒面具

二、判断题

1. 汽车涂装有害物质只包括挥发性有机物质和粉尘颗粒物质。(　　)
2. 有害物质侵入人体的途径只有肺吸收和肠胃吸收的方式。(　　)
3. 可燃物质没有接触外部火源而自燃起火的最低温度叫燃点。(　　)

任务评价

班级：			姓名：			
评价内容	过程性评价		终结性评价		持续发展性评价	评价人
知识评价						自评
						互评
						教师评价
						总评
技能评价						自评
						互评
						教师评价
						总评
情感评价						自评
						教师评价
						企业评价
						总评

任务拓展

呼吸保护设备的选用

涂料里的溶剂、助剂等易挥发的有机物质，容易通过呼吸系统进入人体，造成肝脏、大脑、神经系统、生殖系统等损害。严格选用合适的呼吸保护设备，对于涂装作业而言是十分重要的。一般分为依赖周边空气(a)和独立于周边空气(b)的呼吸保护设备，如图1-1-3所示。

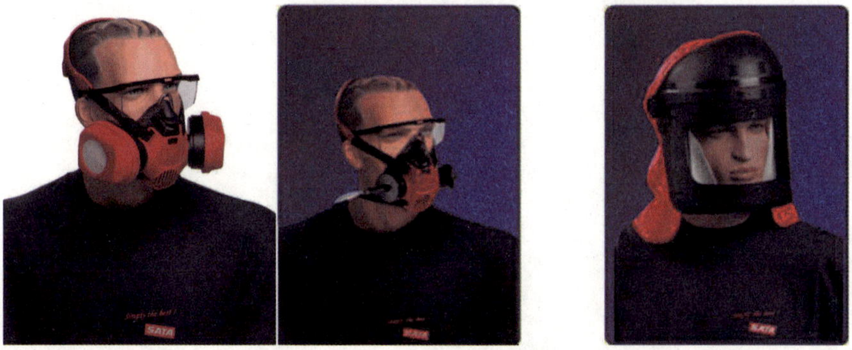

(a)　　(b)

图1-1-3　呼吸保护设备

一、依赖周边空气的呼吸保护设备

在粉尘、毒雾颗粒以及有害气体危害不太严重的作业场所使用，呼吸的是经过过滤的作业环境的空气。因此，其保护作用是有限的。目前普遍使用的是活性炭过滤式口罩，它具有质量轻、使用方便、成本低的特点。

二、独立于周边空气的呼吸保护设备

在粉尘、毒雾颗粒及有害气体危害严重的作业场所使用，呼吸的是经过过滤的作业环境以外的空气。因此，其保护作用十分明显。目前，越来越多的企业和员工选用供气式防毒口罩，它具有质量轻、使用方便、效果优越的优点，但也有成本高的缺点。

任务二　主要涂装设备和工具的使用

任务目标

目标类型	目标要求
知识目标	(1)能描述喷枪的组成、类型、结构和原理,能描述喷枪的使用方法 (2)能描述压缩空气供给系统的作用、类型和使用方法 (3)能描述烤漆房的类型、结构和使用方法 (4)能描述干燥设备的类型、作用和使用方法 (5)能描述干磨设备与材料的类型、作用和使用方法 (6)能描述遮蔽材料的类型、作用和特点
技能目标	(1)能正确使用喷枪进行喷涂操作 (2)能正确使用压缩空气供给系统 (3)能正确使用烤漆房 (4)能正确使用干燥设备 (5)能正确使用干磨设备与材料 (6)能正确使用遮蔽材料
情感目标	(1)具有作业现场的"5S"习惯 (2)养成个人防护安全、环保观 (3)养成作业质量、效率观

任务描述

在汽车修补涂装中需要许多不同设备、工具和材料的使用,其使用方法和熟练程度对修补涂装的品质、作业效率将产生极大的影响。因此,如何正确地使用涂装修补的设备、工具和材料是涂装从业人员的基本技能。

一、喷枪

喷枪是车身修补涂装作业的必备设备，是把涂料和压缩空气高压混合，使涂料呈雾状喷涂在工件表面。因此，喷枪对修补质量影响极大。喷枪的类型很多，根据用途的不同，可以选择不同种类的喷枪。

（一）喷枪的类型及用途

1. 自动喷枪和手动喷枪

喷枪按自动化程度分为自动喷枪和手动喷枪。一般自动喷枪用于汽车生产厂的涂装生产线，并多采用静电喷涂方式。而手动喷枪主要用于汽车修补涂装作业。

2. 空气式喷枪和无气式喷枪

喷枪按是否使用压缩空气分为空气式喷枪和无气式喷枪。无气式喷枪不需要压缩空气，而是利用增压泵增加涂料压力形成雾化喷涂。汽车修补涂装使用的喷枪主要是空气式喷枪，空气式喷枪根据涂料的供给方式又分为重力式、吸力式和压送式。汽车修补涂装多使用重力式和吸力式，其中重力式的喷壶安装在喷枪上方而称为上壶式，吸力式的喷壶安装在喷枪下方而称为下壶式。空气式喷枪的三种类型，如图1-2-1所示。

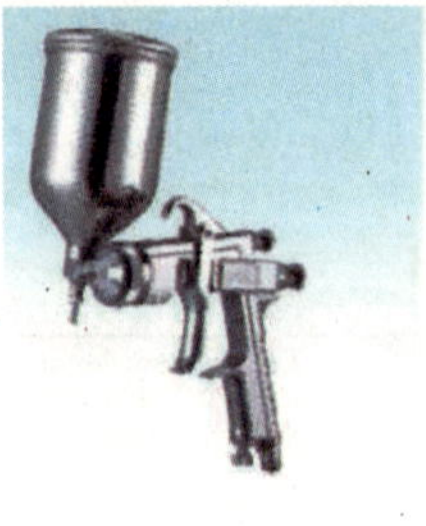
(a)重力式

(b)吸力式

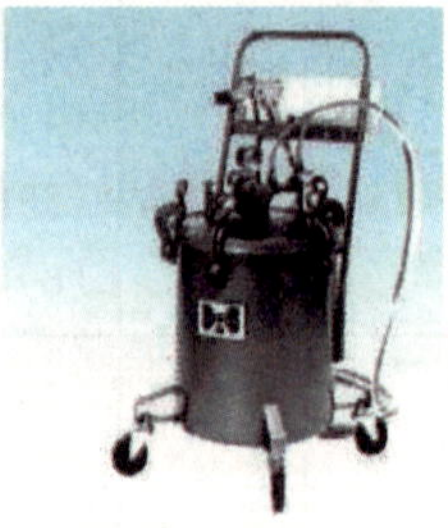
(c)压送式

图1-2-1 空气式喷枪的类型

3. 底漆喷枪和面漆喷枪

喷枪按喷涂涂料的类型分为底漆喷枪和面漆喷枪。底漆喷枪用于防锈底漆、中涂底漆的喷涂，一般采用1.6～1.9 mm口径，表现为喷出量多、适合黏度高和膜厚度大的底涂喷涂的特点；面漆喷枪用于单工序面漆、双工序色漆、清漆的喷涂，一般采用1.3～1.4 mm口径，表现为微粒化良好、膜厚较薄、均匀喷涂等特点。底漆喷枪、面漆喷枪举例如图1-2-2、图1-2-3所示，对应技术参数见表1-2-1、表1-2-2。

图 1-2-2 SATAjet 100 B F HVLP 环保省漆底漆喷枪

表 1-2-1 SATAjet 100 B F HVLP 环保省漆底漆喷枪技术参数

项目	HVLP
喷涂气压	200 kPa
喷涂距离	＞65%：10~15 cm
耗气量	350 L/min（200 kPa）

图 1-2-3 SATAjet 4000-110 省漆高效面漆喷枪

表 1-2-2 SATAjet 4000-110 省漆高效面漆喷枪技术参数

项目	RP
喷涂气压	200 kPa
喷涂距离	＞65%：17 ~ 21 cm
耗气量	285 L/min（200 kPa）

1. HVLP喷枪

属于环保型喷枪，HVLP（High Volume Low Pressure）是高流量低气压的缩写，高流量指利用较大流量空气雾化涂料，耗气量达350～450 L/min；低气压是指喷涂时喷枪空气帽雾化压力70 kPa、枪尾进气气压为200 kPa，而传统喷枪空气帽雾化压力200～250 kPa、枪尾进气气压为300～400 kPa。因此，HVLP喷枪能使工件表面实际获得的油漆量占总油漆消耗量的比例更高，即油漆传递效率高，传统喷枪的传递效率一般为30%～40%，而HVLP喷枪的传递效率达65%以上。因此，HVLP喷枪已被广泛使用。环保省漆面漆举例如图1-2-4所示，相关技术参数见表1-2-3。

图1-2-4 SATAjet 5000-120 环保省漆面漆喷枪

表1-2-3 SATAjet 5000-120 环保省漆面漆喷枪技术参数

项目	可应用范围	HVLP
喷涂气压	50～240 kPa	200 kPa
喷涂距离	10～21 cm	>65%：10～15 cm
耗气量	430 L/min（200 kPa）	

（二）喷枪的构造和基本原理

1. 喷枪的构造

喷枪由枪体、喷嘴、风帽等部件组成。枪体有手柄、空气调整旋钮、漆量调整旋钮、扇面调整旋钮、枪壶接口、扳机等，喷嘴部位有空气帽、喷嘴、枪针等。喷枪的主要部件介绍如下：

（1）风帽。风帽影响喷枪喷涂特性，其作用是使压缩空气将涂料雾化成一定的形状。风帽上有3种不同位置、大小、角度的孔，最中间的是中心孔，中心孔两侧是辅助孔，最侧面伸出部位的孔为角孔，如图1-2-5所示。中心孔位于喷嘴的外侧，当其喷出压缩空气时会产生负压而吸出涂料，辅助孔可促进涂料雾化，角孔可控制漆物的形状。

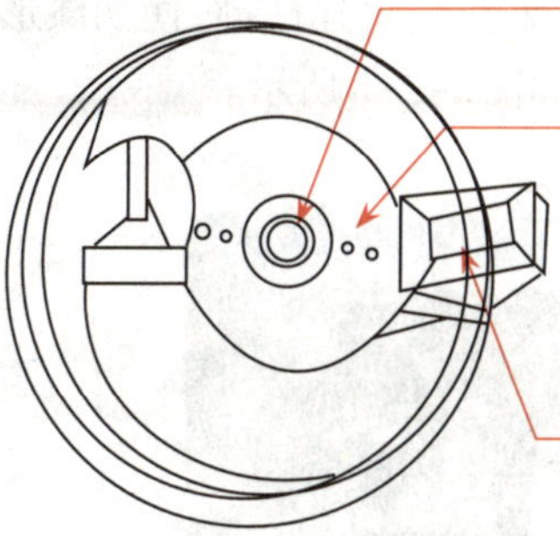

图 1-2-5 风帽

风帽上被打开孔的数量越多,空气消耗量越多,雾状微粒会变细。反之,微粒会变大变粗。风帽和油漆喷嘴的口径需根据用途来组合,对油漆喷涂质量影响很大。

(2)喷嘴。喷嘴是安装在风帽内侧的重要零件,可把空气和油漆供给到风帽前面的中心部分。一般喷枪口径是指喷嘴的前端孔的直径,多设定在0.5~2.5 mm范围,1.0~1.5 mm用于面漆,1.5~2.0 mm用于底漆,喷嘴直径决定了出漆量大小。喷嘴实物如图1-2-6所示。

图 1-2-6 喷嘴

(3)针阀。针阀位于喷枪的中心,与扳手联动,可前后动作,是调整出漆量的零件之一。慢慢拉动拉杆手柄的话,空气阀打开,只有空气流出,进一步拉动的话,油漆就出来了。前端被做成锐角的锥形,通过针阀的拉出余量调整出漆量。

(4)出漆量调整旋钮。它是调整针阀动作的螺纹,向右(顺时针)转动出漆量减少,向左(逆时针)转动出漆量增多。

(5)扇面调整旋钮。它用于扇面形状的调整。作用示意如图1-2-7所示。

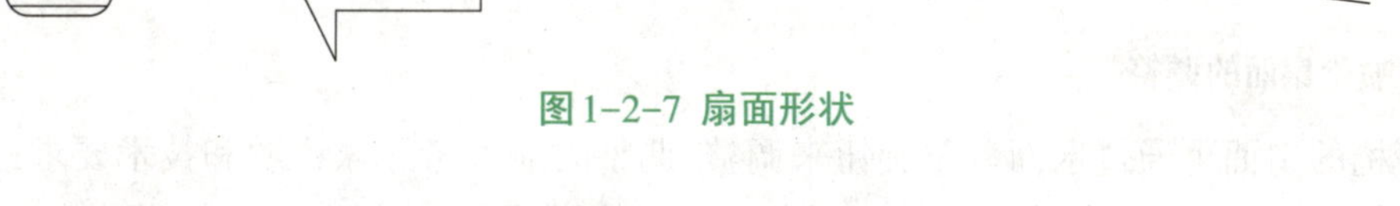

图 1-2-7 扇面形状

(6)空气调整旋钮。它主要用于空气气压大小的调整。

2. 喷枪的原理

喷枪利用从风帽的中心孔高速喷出的压缩空气,形成负压吸出涂料,吸出的涂料与中心孔两端的辅助孔以及空气帽两端角孔中喷出的压缩空气急速碰撞，使油漆形成细的雾状，形成扩散状态，就能附着在被涂物表面。喷枪原理如图1-2-8所示。

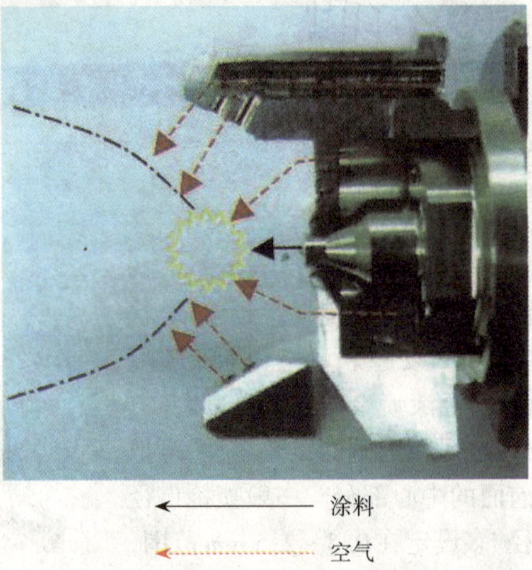

图1-2-8 喷枪的喷雾原理

(三)喷枪的调整

不同的喷枪类型、涂料类型，以及不同的修补喷涂方式等对喷涂效果影响很大。因此，在喷涂前应合理地调整喷枪，用以检查喷枪的性能和喷涂的效果和状态。喷枪调整主要包括：

1. 喷枪气压的调整

喷枪的气压可通过空气调整旋钮来调整，调整时应参考厂家说明和技术要求进行。喷枪气压的大小对雾化效果和喷涂质量形成影响，最佳的喷涂气压是保证喷涂需要的喷幅宽度和最佳雾化效果所需要的最低压力。喷枪气压过高会形成雾化过度，导致用漆量增加，导致溶剂挥发过快而流动性降低形成橘皮缺陷等；喷枪气压过低会雾化差、漆粒粗、涂膜厚，导致出现流挂、溶剂泡等缺陷。

2. 喷枪出漆量的调整

喷枪的出漆量可通过出漆量调整旋钮来调整，调整时应参考厂家说明和技术要求进行。

3. 喷枪扇面的调整

喷枪的扇面可通过扇面调整旋钮来调整，调整时应参考厂家说明和技术要求进行。一般局部修补的扇面调整为10～15 cm，整板喷涂的扇面调整为20～25 cm。

上述调整内容需相互配合来调整，可在纸上试喷查看流痕状态来调整。

(1)流痕均匀一致。整个喷幅范围的流痕长度均匀，说明调节合适。

(2)流痕两边长中间短。整个喷幅范围的流痕长度两边长中间短，说明气压调整过高或出漆量调整过小，扇面调整过宽或涂料黏度过低。

(3)流痕两边短中间长。整个喷幅范围的流痕长度两边短中间长，说明气压调整过低或出漆量调整过大，扇面调整过窄或涂料黏度过高。

(四)喷枪的基本操作

在正确调整喷枪的基础上，还必须要有正确的喷涂操作。喷枪操作的要点有：

1. 喷涂距离

喷涂距离是指喷嘴的前端与被喷涂物表面间的距离。在涂装前一定要进行喷涂形状的调整，在20~25 cm距离下有正确的喷涂轨迹椭圆形状和喷雾的雾化状态。喷枪距离示意如图1-2-9所示。

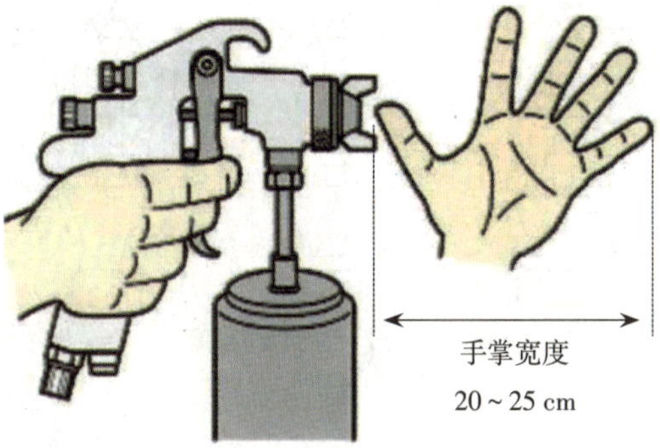

图1-2-9 喷涂距离

根据喷涂的涂层厚薄要求、稀释状况、面积大小等改变距离。一般来说，距离近可能出现湿喷，距离远可能出现干喷。湿喷的涂膜容易发生下落(形成“泪痕”)，金属漆的颗粒在涂膜中游动易发生斑点。相反，干喷的涂层表面粗糙不光滑，金属漆的铝粉沉积在漆膜表面而看上去发黑。如图1-2-10所示。

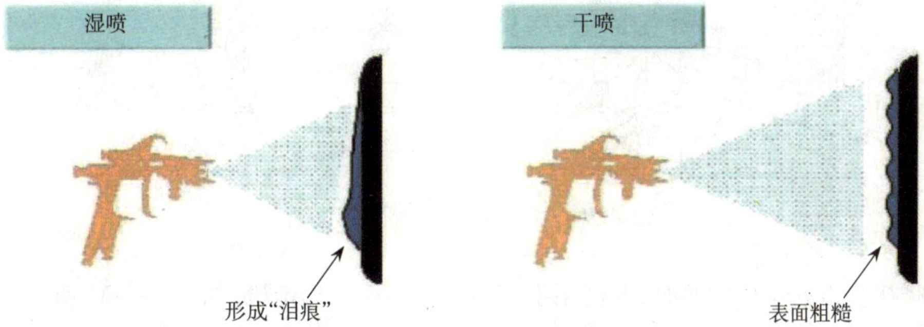

图1-2-10 干、湿喷与喷涂距离的关系

2. 喷涂的速度

喷枪的速度是指左右水平方向移动喷枪的快慢。根据涂层要求、涂料类型等条件调整合适的喷涂速度。一般素色漆为30 ~ 60 cm/s、金属漆为90 ~ 120 cm/s。速度过慢或过快会发生以下的问题:

(1)速度慢,漆膜出现"流泪",金属漆还会产生对流斑点等缺陷。

(2)速度快,漆膜变薄,涂膜性能得不到充分发挥。

(3)速度不均匀,漆膜厚薄不均,涂膜效果受到影响。如图1-2-11所示。

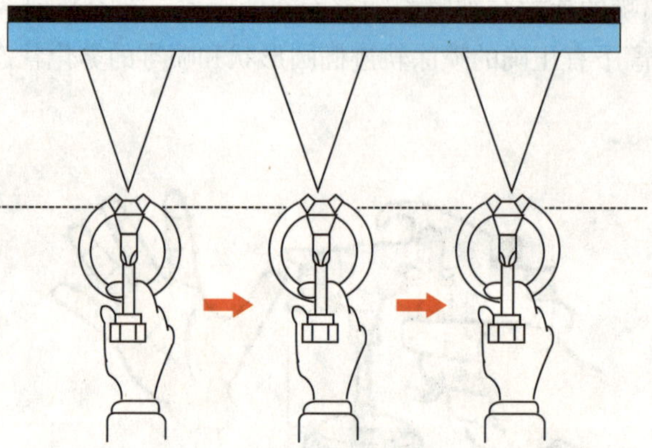

图1-2-11 喷涂的速度

3. 喷涂的角度

喷枪的喷涂角度应是被涂物与喷枪的各个角度为90°,并要求喷枪与被涂物平行移动。如图1-2-12所示。

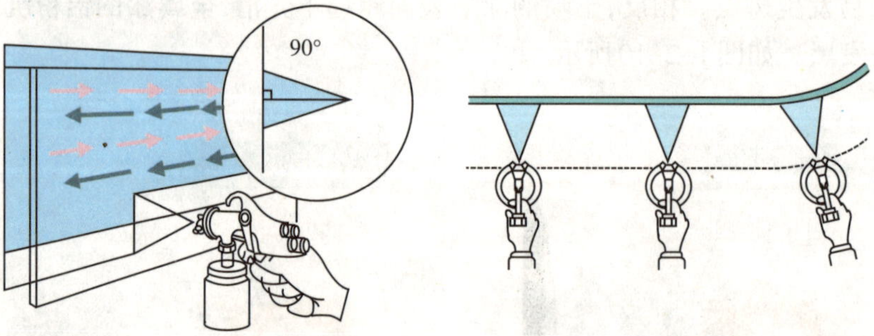

图1-2-12 喷涂的角度

在修补驳口的晕色过渡时,要使用手腕腕力在边缘弧形走枪,如图1-2-13所示。

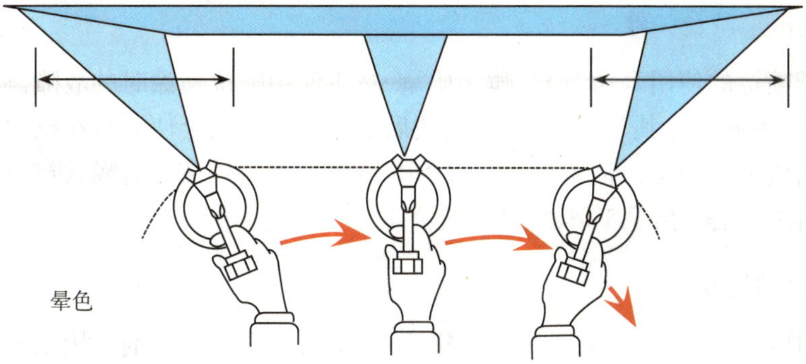

图 1-2-13 弧形走枪

4. **喷辐重叠**

喷辐重叠也称叠辐，是指喷涂重合的宽度，一般多选择 1/3、1/2、2/3、3/4 叠辐。根据遮蔽力、修补方法、涂装面积或涂料黏度来选择。如图 1-2-14 所示。

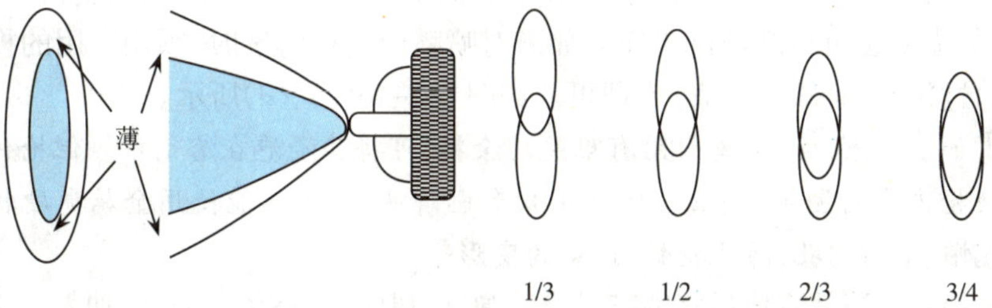

图 1-2-14 喷辐重叠

值得注意的是，喷涂路线应按从高到低、从上到下、从左到右、先里后外的顺序进行。工件上下、左右端的喷涂位置如图 1-2-15 所示。

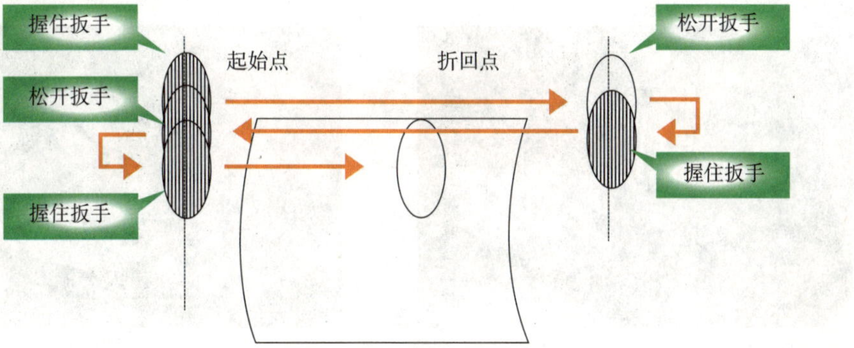

图 1-2-15 工件上下、左右端的喷涂

(五)喷枪的清洗及保养

为了延长喷枪的使用寿命,提高喷涂质量,减少使用喷枪喷涂时的故障,喷涂结束后需及时进行清洗、保养。尤其是双组分涂料,喷后如不马上清洗会使涂料在枪内固化,造成喷枪的损坏。清洗的关键是清洁干净枪杯、风帽及喷嘴,保持清洁和通畅,避免部件如孔眼的损伤。喷枪清洗方法包括手工清洗、洗枪机清洗。

1. 喷枪手工清洗方法

(1)将枪杯内残留的油漆倒入专用收集容器,加入清洗用稀释剂。用刷子清洗枪杯,并把稀释剂喷射出来,冲洗油漆的流通通道。留下少量的稀释剂在漆杯内,然后用纱布堵住空气帽前端的中心孔,拉动扳手使枪内残留的油漆逆流,对枪内部进行清洗。如图1-2-16(a)、(b)所示。

注意:残留的稀释剂和油漆会飞散,要穿戴好防护用品,降低空气压力,盖好盖子,面对无人的方向进行操作。

(2)拆下空气帽,用刷子结合清洗用稀释剂清洗空气帽、喷嘴,特别是空气孔或油漆的流通孔会有残渣或垃圾堵塞,可使用竹签之类硬度低于喷枪零件的工具进行清洗。针阀、出漆量调节螺帽如需要也可拆卸清洗干净。如需对喷嘴内进行清洗时,须用专用的梅花扳手拆卸,不要用力过猛,一般每月清洗1次即可。如图1-2-16(c)、(d)所示。

注意:①如空气帽、喷嘴、枪针附有难洗的涂料,可将其浸泡在溶剂中。但枪体不需要浸泡,否则会使枪内密封圈硬化;②一般使用软毛刷清洁,千万不能使用金属类硬物(如针、钢刷)清洁空气帽、喷嘴的孔,防止枪针、弹簧的变形等。

(3)安装检查。清洗完成后将喷嘴、枪针、弹簧、风帽、枪杯依次安装,加入一定溶剂喷试检查,直至完全吹干。

(4)注油保养。清洗后按照使用说明书加注油保养。需要特别注意注油的量,过多会让油进入油漆和空气的流通通道,在喷枪内部混合,导致漆膜出现缺陷,一般要使用专用的润滑油。如图1-2-16(e)所示。

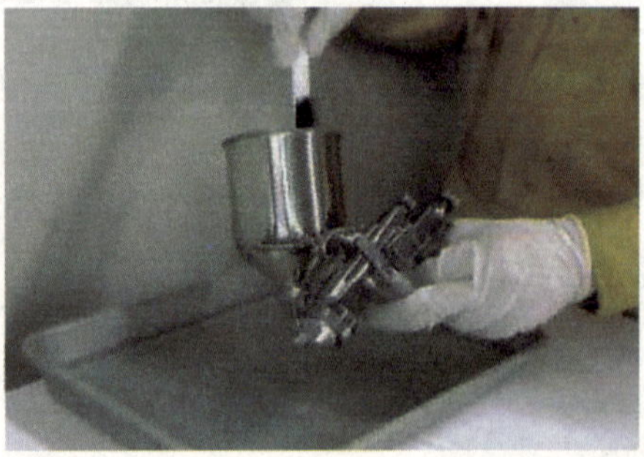

(a)

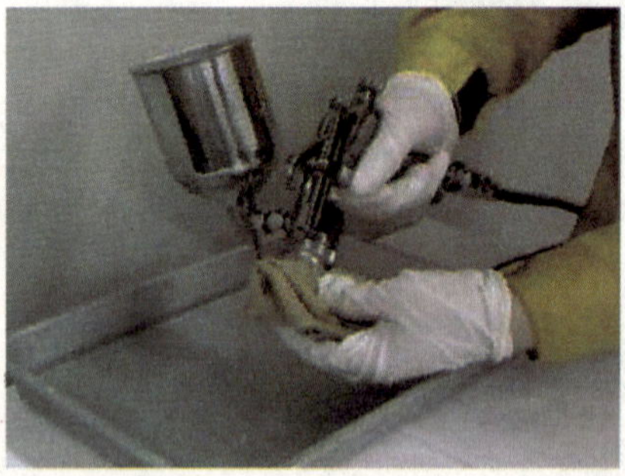

(b)

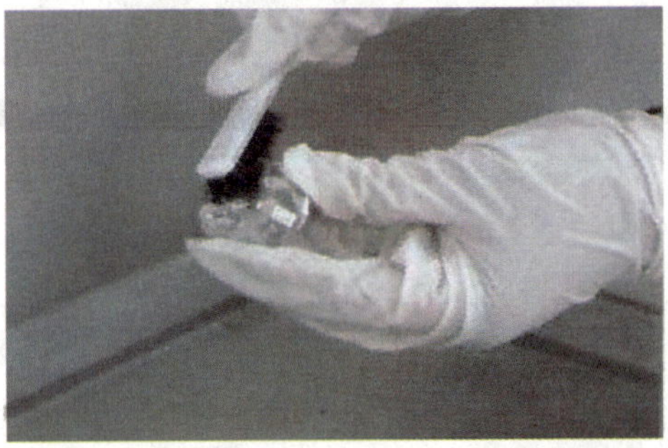

(c)

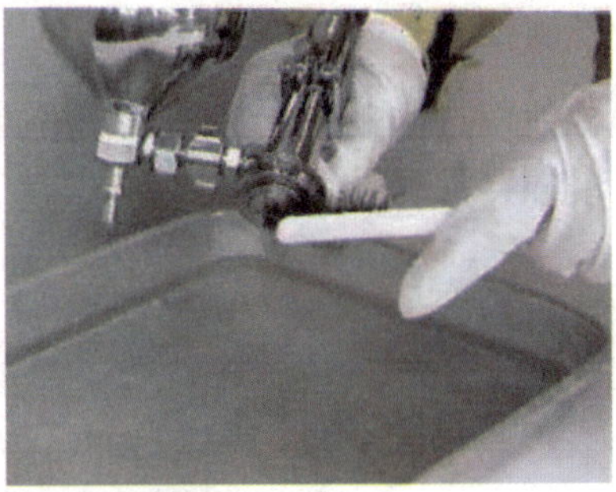

(d)

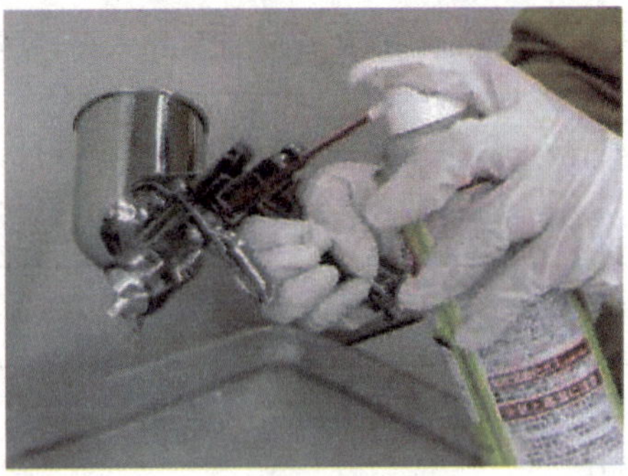

(e)

图 1-2-16 喷枪的清洗

2. **洗枪机清洗喷枪**

目前使用洗枪机清洗喷枪越来越多，洗枪机产品主要分为普通洗枪机和快速洗枪机，快速洗枪机如图 1-2-17 所示。使用洗枪机清洗喷枪，具有清洗效率高，操作方便；洗枪的溶剂可集中收集、存放和处理，有利于环保和安全；可减少挥发性气体的排放和危害等优点。洗枪机的使用应按具体产品说明进行，这里不再赘述。

图 1-2-17 快速洗枪机

（六）喷枪的常见故障

喷枪使用过程中由于老化、操作不当、清洁方法不正确等原因，会出现喷涂形状、喷涂不连续等喷幅异常现象，见表1-2-4。

表1-2-4 喷枪的喷幅缺陷

图示	项目	说明
	缺陷：	喷幅中央窄，两端大
	成因：	油漆内的溶剂太多，喷涂气压太高，风帽气孔堵塞
	对策：	检查油漆黏度，选择合适的喷嘴口径，使用SATA清洁套装清洁风帽。如需要，更换喷嘴套装
	缺陷：	油漆聚在中央，喷幅散不开
	成因：	喷涂气压太低，油漆黏度太高
	对策：	调节喷涂气压（SATA 数字喷枪或 SATA 枪尾气压表），检查油漆黏度
	缺陷：	喷幅呈香蕉形弯曲
	成因：	其中一边扇形孔堵塞或变形，雾化孔堵塞
	对策：	用合适的工具清洁风帽，必要时更换原厂喷嘴套装
	缺陷：	喷幅中的湿润区偏向一边
	成因：	扇形孔或雾化孔堵塞或变形，喷嘴损坏
	对策：	用合适的工具清洁风帽，必要时更换原厂喷嘴套装
	缺陷：	喷幅扭曲倾斜或呈“S”形
	成因：	扇形孔堵塞或变形
	对策：	用合适的工具清洁风帽，必要时更换原厂喷嘴套装
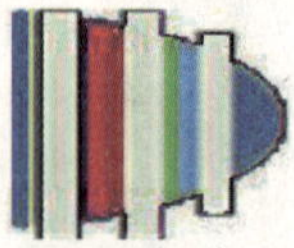	缺陷：	喷幅不连续、跳动
	成因：	喷嘴未装紧，空气分流环的密封面损坏，枪壶通气孔堵塞
	对策：	用原装扳手把喷嘴装紧，更换空气分流环，清洁枪壶通气孔

(七)喷枪的常见故障

喷枪使用的常见故障现象、故障原因和解决方法见表1-2-5。

表1-2-5 喷枪的常见故障

序号	故障现象	故障原因	解决方法
1	喷幅形状呈重心偏向一侧	气帽中心孔或雾化孔堵塞	(1)清洁雾化帽 (2)更换雾化帽
2	偏左或偏右	(1)气帽一侧的扇面控制孔堵塞 (2)气帽受损	(1)清洁雾化帽 (2)更换雾化帽
3	喷幅中央过厚	(1)喷涂的涂料黏度太高 (2)喷涂压力太低 (3)喷嘴的口径和顶针由于磨损而增大和变小	(1)调低涂料黏度 (2)增大喷涂压力 (3)更换喷嘴套装
4	喷幅分裂	(1)涂料黏度太低 (2)喷涂压力太高 (3)扇面控制孔内径偏大 (4)涂料不够 (5)雾化空气通道堵塞	(1)调高涂料黏度 (2)调低喷涂压力 (3)更换喷嘴套装 (4)添加足够的涂料 (5)清洁喷枪的空气通道
5	跳枪	(1)喷嘴没拧紧或没装好 (2)枪针密封套件松动 (3)喷枪的连接螺母松动(下壶喷枪) (4)壶里涂料不足 (5)喷嘴套装损坏	(1)旋紧喷嘴或清洁并安装喷嘴套装 (2)紧固顶针密封套件 (3)旋紧连接螺母 (4)补充涂料 (5)更换喷嘴套装
6	喷幅上重或下重	(1)喷嘴、顶针或气帽的空气出口上有杂物堵塞 (2)气帽或喷嘴受损	(1)清洁喷嘴套装 (2)更换喷嘴套装
7	喷不出涂料或少量出漆	(1)枪壶盖的空气补充孔堵塞或气帽及吸料管严重堵塞 (2)壶内没有涂料 (3)顶针行程太小	(1)清洁壶盖上的空气补充孔、气帽及吸料管 (2)补充涂料 (3)旋转涂料流量调节旋钮增大针阀的行程
8	喷嘴处漏涂料	(1)顶针密封螺帽太紧 (2)喷嘴端口内部有异物 (3)喷嘴和顶针不配套或有损伤 (4)顶针回位弹簧断掉或未装	(1)旋松顶针密封螺帽 (2)清洁喷嘴 (3)更换喷嘴套装 (4)更换顶针回位弹簧或安装顶针回位弹簧

续表

序号	故障现象	故障原因	解决方法
9	喷幅不能调节	(1)气帽的两侧扇面控制孔堵塞 (2)喷幅调节器受损或安装错 (3)喷枪扇面控制孔的空气通道堵塞	(1)清洁气帽 (2)更换喷幅调节器或正确安装喷幅调节器 (3)清洁空气通道
10	不能正常调节气压或刚接上压缩空气就会直接从枪口喷出	(1)空气调节器受损或空气阀门损坏 (2)空气阀门回位弹簧断掉或未安装	(1)更换空气调节器或空气阀门 (2)更换空气阀门回位弹簧或装上空气阀门回位弹簧
11	顶针密封件漏涂料	(1)顶针密封圈磨坏 (2)顶针密封圈垫未安装 (3)顶针密封圈弹簧损坏或未安装 (4)顶针密封螺帽松脱 (5)顶针与密封圈的接触处磨损 (6)顶针与喷枪不配套	(1)更换顶针密封圈 (2)加装顶针密封圈垫片 (3)更换或加装顶针密封圈弹簧 (4)拧紧顶针密封螺帽 (5)更换喷嘴套装 (6)更换与喷枪相配的喷嘴套装

二、压缩空气供给系统

压缩空气供给系统主要是为车身修补涂装作业提供足够气压、气量，以及干燥、清洁的气源，是使用气动工具、设备的动力保证。

压缩空气供给系统主要由空气压缩机、供气系统组成。

(一)空气压缩机

1. 空气压缩机的种类

目前汽车涂装车间使用的空气压缩机有往复活塞式、螺杆式两种。空气压缩机是通过压缩空气提升气压的设备，形成的高压气体可使喷枪进行喷涂，也可使用在其他气体工具上。空气压缩机的实物举例如图1-2-18所示。

图1-2-18 空气压缩机

(1)往复活塞式压缩机。

采用活塞的往复运动来压缩空气，其特点在于：气量中等，性能随使用时间增加而较快减退，机油或油气会进入压缩空气管路，可分为单缸、多缸或一级压缩、二级压缩的形式。二级压缩机可提供0.7～1.4 MPa的稳定气压，适合中等气量需求的汽车维修企业。

(2)螺杆式压缩机。

采用转子的高速运动产生压力。目前使用广泛，性能良好。主要的特点在于：风压风量恒定，气量大且清洁，噪声小，节能高效，适合大气量需求的大型汽车维修企业。

2. 空气压缩机的配套设备

(1)储气罐。压缩机产生的高压空气首先进入储气罐存储，起着稳定气压和保证气量的作用。储气罐内的气压控制压缩机的工作，当储气罐内的空气消耗而降压到一定值时，压缩机会重新启动工作，储气罐的大小影响压缩机的工作时间。一般使用的储气罐为1～2 m^3，气压1 MPa。

(2)冷冻干燥器。压缩机产生的高压空气温度可达100～150 ℃，必须经过降温到露点以下才能把压缩空气中的油、水变成油滴、水滴，并通过过滤排出。高压空气经过储气罐的散热后就进入冷冻干燥器，以排出油分、水分。如图1–2–19所示。

图1–2–19 冷冻干燥器

(3)精密过滤器。精密过滤器具有不同的等级，具有去除更小灰尘、油粒的作用。粗过滤器可除1 μm灰尘、1×10^{-6} mm油粒，精过滤器可除0.01 μm灰尘、0.01×10^{-6} mm油粒，超精过滤器可除0.003×10^{-6} mm油粒。

(4)油水分离器。经过压缩机、储气罐、冷冻干燥器、精密过滤器等的过滤、分离后，压缩空气中还含有少量的油、水和颗粒，会对喷涂质量造成影响。为了获得高质量的喷涂效果，必须保证喷涂压缩空气的干燥和清洁。因此，需在空气支管路上安装油水分离器。

油水分离器可分离压缩空气的油、水和颗粒，并通过自动或手动排水阀排出，确保输出空气的清洁和干燥。同时配有气压调节表，可起调节和稳定气压的作用。如图1–2–20所示。

图1–2–20 油水分离器

油水分离器一般安装在空气支管和橡胶软管之间，按不同的作业区域、用途使用不同节数的型号。油水分离器的类型和特点见表1–2–6。

表1–2–6 油水分离器的类型和特点

作业工位	类型	特点
普通工位	单节	满足打磨、除尘、油漆混合
喷涂工位	双节	(1)第一节：黄铜芯，过滤大于5 μm水、油和杂质 (2)第二节：纤维芯，过滤0.01 μm水、油和杂质，空气流量达2～3.6 m^3/min，效能达99.998%
	三节	在双节基础上增加活性炭芯，可除0.003×10^{-6} mm油粒，效能达100%

3. 空气压缩机的使用和维护

(1)空气压缩机的使用。

由于空气压缩机在运行中会产生热量并排除水分，故安装空气压缩机时要注意以下几点：

①空气压缩机需安装在通风、散热良好的房间里，能够保证空气压缩机吸入清洁空气，温度以正常运作后不超过40 ℃为宜。

②空气压缩机需安装在距离墙面至少30 cm的位置，以利于检修、维护和散热。

③空气压缩机房需设置排水沟，使空气压缩机、储气罐、冷冻干燥机能有效地排除水分，以保证空气压缩机房的清洁。

(2)空气压缩机的维护。

空气压缩机的维护非常重要，这关系到压缩机的使用寿命、供气质量及修理厂的工作效率。因此，一般需要对空气压缩机进行每日维护和每月维护，使压缩机时刻处于最佳工作状态。

①空气压缩机日维护的内容。

a.放掉储气罐、油水分离器、冷冻干燥机中的水。

b.检查曲轴箱的机油液面高度，确认是否在油尺最高和最低标线之间。

c.清洁空气压缩机上的灰尘。

②空气压缩机月维护的内容。

a.清洁空气滤清器，可用溶剂清洗毛毡、海绵等过滤材料，晾干后重新装好。

b.添加或更换曲轴箱内的机油。空气压缩机的机油一般每工作500 h或2个月更换一次，必要时可缩短更换时间。

c.检查空气压力表是否正常。

d.检查储气罐安全阀性能是否良好，若不能正常工作应立即检修或更换。

e.检查“V”形带的松紧状况，并予以调整。

f.查看电动机转轴和空气压缩机的飞轮有无松动现象，并予以调整。

g.检查所有阀芯和气缸盖，不能有松动现象。

h.检查空气压缩机附件、油箱及供气管是否存在漏油、漏气现象。

i.开机检查运转中有无异常噪声。

j.关闭储气罐排气阀，检查泵气时间是否正常。

k.检查空气压缩机在全负荷运转中的温度升高范围是否正常。

l.清洁气缸、气缸头、内冷器、电动机及其他易积尘的部位。

(二)供给系统

从压缩机到用气设备之间需要设计管路系统，保证压缩空气清洁、干燥，如图1-2-21所示。安装时应注意以下方面。

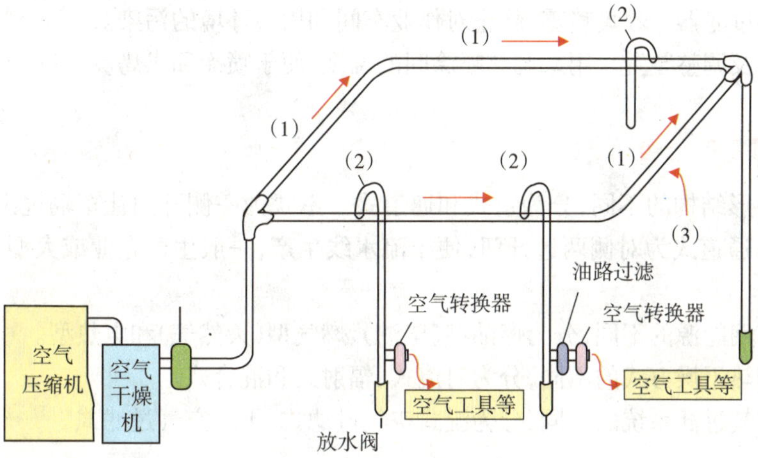

图1-2-21 供给系统

1.空气管道及空气软管的直径、长度

空气管道及空气软管内径越大，压力损失越小；长度越长，压力损失越大。因此，主管尽量要粗，细管(橡胶管等)尽量要短，少走弯路，少用弯管和接头。依据用气量进行选择，一般主管内径应达到2~3 in(1 in=25.4 mm)，供气支管内径应达到1~2 in，橡胶软管内径应达到8~10 mm(HVLP喷枪必须达到10 mm以上)、长度不超过10 m(每增加5 m，气压下降20~35 kPa)。

2.供气主管的形状及作用

供气主管在车间上方呈环形，保证各方位压力相同、稳定；供气主管应向排水端倾斜，斜度为1/100，并要求在排水端安装排水阀。

3.供气支管的要求

供气支管应从主管上方以“U”形方式分出，下垂高度一般为80~100 cm，防止主管里水、油进入支管。

4 加装油水分离器

供气支管与橡胶软管之间应安装油水分离器。

三、烤漆房

烤漆房是涂装修补的必备设备，是喷涂及干燥的场所。由于喷涂时产生的大量喷雾和溶剂气体，会影响安全卫生，也会引起涂膜的各种缺陷，甚至造成严重的环境污染。同时，为了提高作业效率，喷涂后需强制干燥。因此，需要专用的喷涂间及干燥间，即烤漆房。烤漆房需要具备以下的设备与功能：

(1)强制排气设备。防止作业人员吸入喷雾和溶剂的有害气体。

(2)进气过滤器。避免杂质和灰尘等沾到涂膜上，目的是将干净的空气送入喷涂间内。

(3)排气过滤器。收集喷雾，防止对作业车间和周边环境的污染。

(4)加温及调整装置。用来调整喷涂间的温度，便于喷涂和烘烤。

(一)烤漆房的分类

(1)按外形结构的不同，分为室式和通道式。室式为一侧开门让车辆进出，一般维修企业使用较多；通道式为对侧两边开门，便于流水线生产，一般生产企业或大型维修企业使用较多。

(2)按使用能源的不同，分为燃油型(柴油)、燃气型(天然气)和电热型。

(3)按传热干燥方式的不同，分为对流式、辐射式和混合式。

(4)按空气过滤系统的不同，分为湿式空气过滤式、干式空气过滤式。

(二)烤漆房的结构和工作原理

烤漆房的类型很多，其结构和工作机理存在差异。下面以普通推拉型烤漆房为例来介绍。如图1-2-22所示。

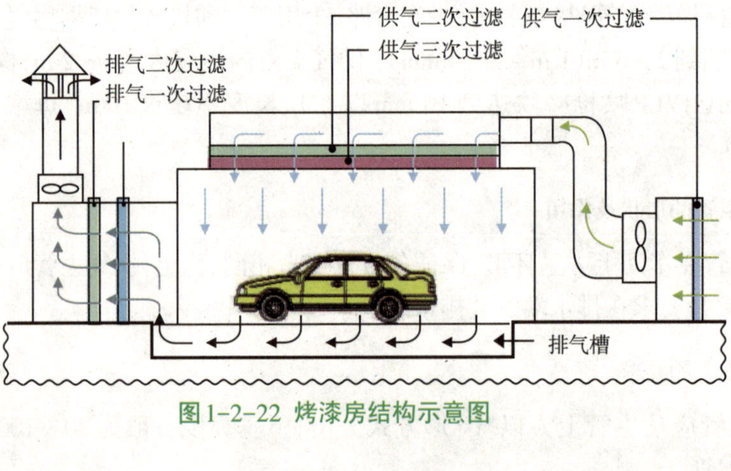

图1-2-22 烤漆房结构示意图

1. 烤漆房尺寸

尺寸为长度6.8～7.0 m、宽4.3～4.5 m、高2.3～2.5 m(高顶棚车需要3.0 m以上)。

2. 进气、排气装置

供气、排气方式为上部供气、下部排气(下吸式)。进气、排气装置如图1-2-23所示。

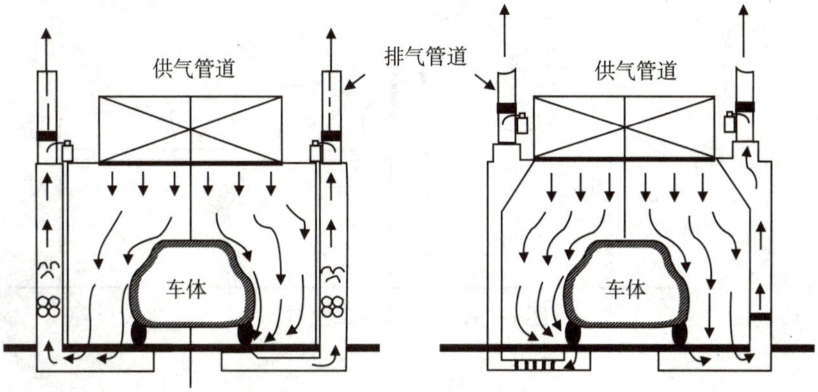

图1-2-23 进气、排气装置

3. 进气的温(湿)度调整

汽车修补用涂装间多采用单间式,一台加热装置喷涂时加温、干燥时加热,通过切换节气阀调整风量或调整加热装置来进行温度控制。如图1-2-24所示。

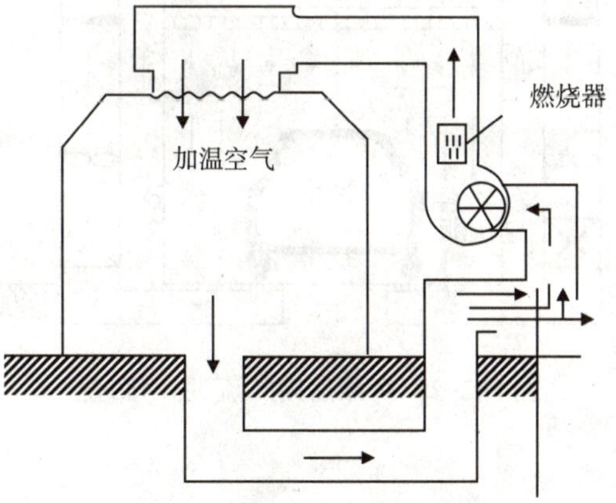

图1-2-24 进气温度调整装置

注意:一般的烤漆房的标准为风速0.2～0.5 m/s、温度18～22 ℃、湿度65%～75%。

4. 进气的过滤

烤漆房在空气入口有第一次过滤器和装在烤漆房顶棚供气面的第二次过滤器。如图1-2-25所示。

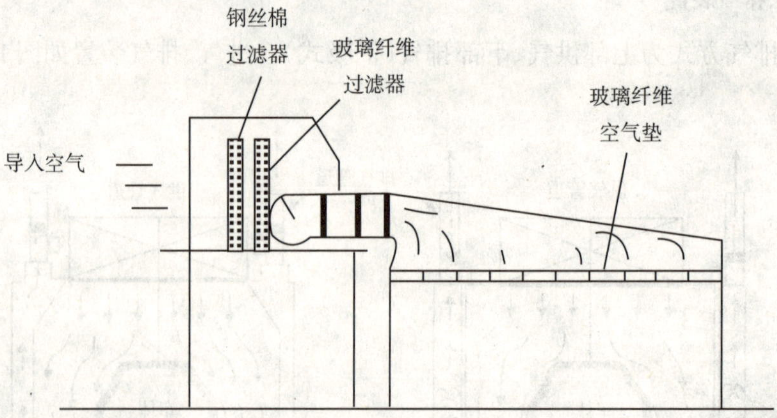

图1-2-25 进气的二次过滤

5. 烤漆房内气流的布置

为防止烤漆房内的气流紊乱，过滤空气的吹出口、污染空气的排气口都要做合理的布置。如图1-2-26所示。

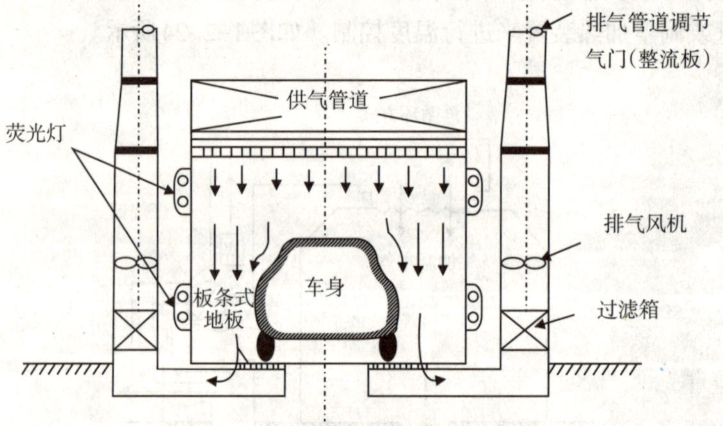

图1-2-26 烤漆房内气流、照明布置

6. 烤漆房内的照明

汽车修补喷涂时需要在烤漆房侧壁设置照明装置。一般喷涂间内的照明度在700～900 lx为宜。

7. 正气压的保持

为了避免含有灰尘的室外空气进入烤漆房内，需要保持烤漆房内的正气压。简单的做法是在喷涂间的出、入口挂上线头或者纸条(轻物),根据其飘动情况来确认压力。如图1-2-27所示。

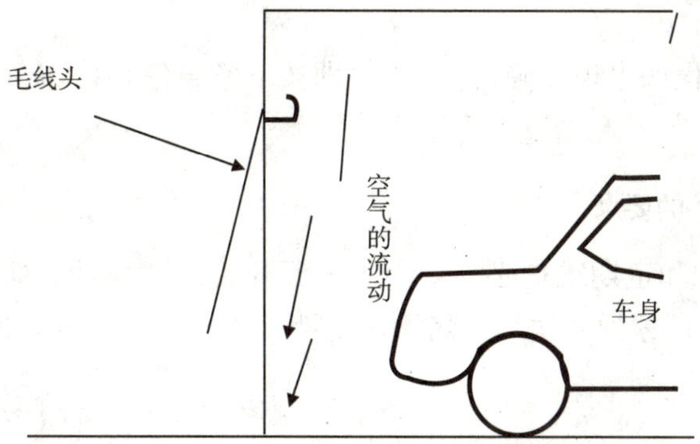

图1-2-27 烤漆房内的正气压

(三)烤漆房的使用、维护与保养

烤漆房在使用时必须按照厂家的说明,严格执行使用、维护与保养规程,否则会存在安全风险、技术性能下降的问题。

1. 烤漆房日常使用的要点

(1)烤漆房日常管理要求。

专人使用、专人管理,严禁他人开启、入内;制定并严格遵守烤漆房的操作规程;严禁吸烟等;每日清理烤漆房1次,清除杂物,保持干净;每日检查烤漆房电气柜线路和仪器、气管管路及油水分离器等。

(2)烤漆房使用前的注意事项。

进入烤漆房喷涂作业时必须穿戴喷涂防护用品;开启前必须检查燃料是否需要添加,检查进风、排风装置及环境,主要检查顶棉、底棉和进风棉的情况。车辆进入前的检查:确认车辆油箱的存量不能过满,否则易受热膨胀发生危险;确认车辆已完成清洁、打磨、抛光、贴护作业,保证烤漆房的清洁环境。车辆进入后的检查:调整车辆位置便于操作,须拉紧手刹、关闭点火开关、拆下电瓶负极线。

(3)烤漆房使用时的注意事项。

①正确启动、检查烤漆房。先打开主控制面板的总电源开关,然后依次打开照明灯开关并检查照明灯亮度,打开鼓风机开关启动鼓风机,检查烤漆房内的风压、风量和密封性;如启动柴油烤漆房点火不成功,不可重复超过3次,应及时联系厂家维修,以避免喷出较多燃油发生爆燃的危险。

②喷涂作业时,将调节开关转到喷涂挡,并调整温度至大约25 ℃。不能调整为烤漆挡进行喷涂,因为烤漆挡下房内空气是内循环,会污染顶棉即房壁,还会形成安全隐患;喷涂作业时应将烤漆房门关闭;喷涂完成后应按厂家要求进行静置闪干,并在烘烤前清除干净烤漆房内的涂料、稀释剂等易燃物品。

③烘烤作业时，将调节开关转到烤漆挡，调整烘烤温度使工件表面大约为60 ℃。由于升温需要时间，一般柴油烤漆房时间设置为45 min，红外线烤漆房时间设置为20 min。

④烘烤完成后，烤漆房会自动停止运行。将所有开关关闭、复位，移出车辆，填写运行记录表。

⑤喷涂、烘烤过程如出现故障灯亮，须立即按下紧急停止按钮，查找并排除故障后方可重新启动。

2. 烤漆房定期维护的要点

所有的日常维护和定期维护必须切断主电源开关，每次维护、维修应填写维修记录表。具体的定期维护需按厂家说明执行。烤漆房定期维护的规范见表1–2–7。

表1–2–7 烤漆房定期维护规范

维护内容	维护方式	维护周期
进风口过滤棉	更换	60 ~ 80 h
顶棉	更换	400 ~ 450 h
底部过滤棉	更换	80 ~ 100 h
排风过滤棉	更换	80 ~ 100 h
鼓风机轴承座、底座螺栓连接	检查	1季度
墙面、灯上污物、漆尘	清理	1月
柴油机滤芯	更换	8 ~ 12月
柴油机高压油泵过滤网	更换	6月
通风管道	清洁	1年
烤漆房炉堂	检查	按厂家要求而定

四、干燥设备

汽车涂装修补作业中的底漆、中涂底漆、面漆及原子灰常需要干燥处理，以加快溶剂的挥发和漆膜的固化，干燥分为常温干燥和加热干燥，为了缩短干燥时间多在实际生产中采用加热干燥方式。加热干燥有缩短时间、提升涂膜性能的优点，其热传递方法有传导、对流、辐射三种，用于涂膜干燥多采用对流和辐射方式，热风和红外线经常被使用。

对于烤漆房的加热干燥前面已有介绍，下面只对使用广泛的红外线烤灯设备进行介绍。

（一）红外线烤灯的原理

1. 红外线

英国科学家赫歇尔于1800年发现，在太阳光线中可见光部分红光外的不可见光光线，具有明显的加热效应。在太阳光谱中，位于红光的外侧（可见光）与雷达波之间，波长范围760 nm ~ 1 mm之间的不可见光线即是红外线。其分类为波长在760 nm ~ 5. 6 μm之间称为近红外线，5. 6 μm ~ 1 mm之间称为远红外线；也可分为短波红外线（波长为760 nm ~ 3 μm）、中波红外线（波长为3 ~ 40 μm）、长波红外线（波长为40 μm ~ 1 mm）三种。

2. 红外线干燥原理

辐射干燥是将热能以电磁波的方式，直接辐射在被加热的物体上，利用辐射热使物体受热干燥。与对流方式相比，辐射干燥具有加热速度快，热损失小的特点。表1-2-8是不同红外线的干燥特点。

表1-2-8 不同红外线的干燥特点

类型	波长	加热器温度	性质
短波	760 nm ~ 3 μm	2000 ~ 2200 ℃	穿透力强，能加热到涂层的底层，反射大
中波	3 ~ 40 μm	800 ~ 900 ℃	长波与短波的中间性质
长波	40 μm ~ 1 mm	400 ~ 800 ℃	穿透力弱，但涂膜被吸收后很少反射

红外线辐射加热属于辐射干燥方式中的一种，而运用最多的是短波红外线。短波红外线辐射干燥具有的特点是：辐射可穿透漆膜到达金属表面再反射出来，形成由漆膜的底材金属层、涂层的底层先吸收热量升温，再逐渐由内部到涂层的表层的干燥。这样由里向外的干燥特点，使涂层中的溶剂也由内向外挥发，热能损耗小，干燥快，不会出现溶剂泡、失光等现象，涂膜质量高。红外线烤灯正是利用红外线辐射加热的原理制成的。

（二）红外线烤灯的使用

1. 红外线烤灯的特点

红外线烤灯又称为红外线辐射加热器，一般由金属板、灯管、碳化硅板、陶瓷等组成。短波红外线烤灯采用石英卤素短波红外线灯管，可产生3 μm以下的红外线波长，灯管使用寿命可达6000 h以上。为了满足维修作业的移动性、可变性需要，一般使用移动性的红外线烤灯，多用于原子灰、底漆、面漆的干燥。移动式红外线烤灯实物举例如图1-2-28所示。

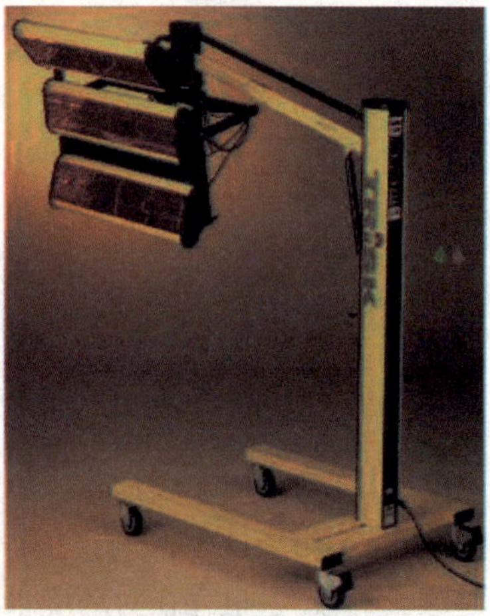

图1-2-28 移动式红外线烤灯

移动式红外线烤灯具有的特点：

（1）独立开关控制；

（2）发射管可做多方向和角度旋转；

（3）支架可调整；

（4）可预设和自动控制加热过程；

(5)可烘烤车身的不同部位。

(6)多具有双电子定时器;多具有半功率(脉冲烘烤)、全功率烘烤模式,分别用于闪干阶段和烘烤阶段。

2. 红外线烤灯的操作方法

(1)烘烤距离。一方面红外线烤灯烘烤时工件表面升温较快,一般2~3 min可升到60 ℃;另一方面,红外线辐射源与被加热物体间距离每增加1倍,达到物体的红外线辐射能量便变为原来的1/4。因此,应按照具体红外线烤灯型号合理选择烘烤距离。否则,烘烤距离过小,会造成过度烘烤形成起泡等现象;烘烤距离过大,会造成烘烤速度过慢。一般烘烤距离为70~80 cm。

(2)用电安全。由专业人员操作使用;使用前应检查开关、线路是否可靠;电源接线必须使用横截面积在6 mm^2以上的,防止过热引发事故;使用前应先移动和调整好烤灯位置,再插上电源插座,然后打开控制开关;使用后应先关闭控制开关,在断开电源插座后移动和调整烤灯位置。

(3)位置调整。启动烤灯前必须调整好灯面与待烤工件区域的位置,二者间要求平行,应保证完全覆盖待烤工件区域,应保证烤灯、支架的稳定。

(4)正确预设时间和模式自动控制。尤其要注意不同色漆类型的烘烤特点,如深色漆较浅色漆升温快;银粉漆会因银粉的反射影响,形成银粉越多,升温越慢。

(5)保护灯管。移动时避免抖动、磕碰灯管和接口。

(6)防止异物的烘烤。勿将皮肤暴露在灯管下;远离易燃易爆物;勿将带有杂物的工件进行烘烤。

(7)控制塑料件的烘烤。由于塑料件在高温下易变形、软化、熔融,所以在对塑料件烘烤时必须严格控制,对车体附近有塑料件的烘烤时可用铝箔保护。

五、干磨设备与材料

涂装打磨方式分为水磨、干磨两种。二者使用的设备、材料以及打磨工艺有差异。

(一)水磨和干磨的差异

1. 水磨的特点

水磨的优点:水磨是传统的打磨方式,应用广泛。打磨时易于利用手感判断平整度、光滑度,打磨效果好,不会产生灰尘。

水磨的缺点主要在于:

(1)打磨强度大,工作效率低。采用手工操作,打磨强度大,工序比较复杂。因此,造成水磨费工费时,成本增加。

(2)工作条件差,影响健康。采用手工水磨,长期接触污水,尤其在低温条件下对人身体健康影响很大,也存在对环境水污染的问题。

(3)容易造成隐患,影响修补质量。采用手工水磨,容易对裸金属形成锈蚀;也会使原子灰吸水渗透，造成起泡、锈蚀等缺陷。

2. 干磨的特点

由于传统水磨存在一系列问题，采用干磨工艺已是发展的必然。

干磨的优点：由于采用机械打磨，打磨强度降低，工作效率高，打磨速度至少是手工打磨的2倍；有利于环境保护和人员健康；降低了起泡、锈蚀等缺陷存在的可能，可提高修补质量。

干磨的缺点：主要是在打磨中形成粉尘，影响人员健康和环境。但目前多采用无尘干磨系统，可将90%以上粉尘吸进粉尘袋里，同时做好防尘防护，可以完全避免粉尘的影响。

（二）干磨设备

干磨设备是在打磨系统的基础上，配有打磨机、打磨垫和打磨手刨等。

1. 打磨系统

打磨机和打磨手刨产生的粉尘需要吸尘系统来除尘，起着吸灰功能的系统称为打磨系统。打磨系统可分为移动式、悬臂式、中央集尘式三种类型。如图1-2-29所示为移动式打磨系统举例。

图1-2-29 移动式打磨系统

2. 打磨机

打磨机简称磨头，按动力的不同分为气动、电动两种；按形状的不同，分为圆形、方形两种；按运动模式的不同，分为单动作、双动作两种。维修企业多采用气动的圆形双动作或单动作打磨机。打磨机实物举例如图1-2-30所示。

(a)　(b)　(c)

图1-2-30 打磨机

（1）圆形打磨机

圆形打磨机分为圆形双动作和圆形单动作打磨机。

圆形双动作打磨机：由于其旋转轴是偏心的，打磨盘存在双重圆周运动，因此表现出的研磨效果比单动作打磨机要好。

不同大小的偏心距适合不同的打磨作业，一般偏心距越大就越适合粗磨。圆形打磨机的参数见表1-2-9。

表1-2-9 圆形打磨机参数

序号	偏心距（mm）	适合的打磨作业
1	9～12	除锈、除旧漆层
2	7～9	除旧漆层、打磨羽状边、粗磨原子灰
3	4～6	细磨原子灰、原子灰周围区域打磨、中涂底漆前电泳底漆和旧涂层打磨
4	3～6	喷涂面漆前的中涂底漆、旧涂层打磨
5	1.5～3	抛光前打磨

圆形单动作打磨机：打磨盘做单向圆周运动，使其中心和边缘存在转速的差异，造成研磨不均匀，还会留下圆形的砂纸痕迹，打磨时不能完全平放在打磨面上，而应轻微倾斜。

由于圆形单动作打磨机切削力强，主要适合除锈、除漆，在钣金上应用更多。

（2）方形打磨机。

方形打磨机分为轨道式打磨机和直线往复式打磨机。轨道式打磨机的运动方式为沿椭圆轨迹往复运动，研磨力和切削力比较均匀，不容易形成打磨缺陷，多用于大面积的平面部位的如原子灰打磨；直线往复式打磨机的运动方式是简单的前后运动，靠来回直线运动研磨工件表面，打磨痕迹粗于轨道式打磨机。方形打磨机的规格一般有70 mm×198 mm（或400 mm）、115 mm×208 mm，轨道式打磨机的偏心距有3 mm、4 mm、4. 8 mm和5 mm。

3. 打磨垫和中间软垫

（1）打磨垫。在打磨机上用来粘连砂纸的托盘称为打磨垫，多为尼龙扣搭式，砂纸粘贴牢固，装卸方便。打磨垫实物举例如图1-2-31所示。

图1-2-31 打磨垫

图1-2-32 中间软垫

（2）中间软垫。在打磨垫和砂纸之间可粘贴更软的中间软垫，可降低对工件的打磨程度，主要用于面漆前的打磨，尤其是面漆前打磨弧度、线条。同时，还具有保护打磨机及打磨垫的作用，延长使用寿命。中间软垫实物举例如图1-2-32所示。

4. 手刨（打磨垫板）

一般水磨用的垫板称为打磨垫板；而干磨用的带有吸尘系统和可粘贴砂纸的垫板叫手刨。

（1）水磨用的打磨垫板，分为硬橡胶垫和海绵垫。海绵垫较软，不容易对漆面造成损伤，适合面漆后抛光前配合细水砂纸打磨脏点、“橘皮”等。

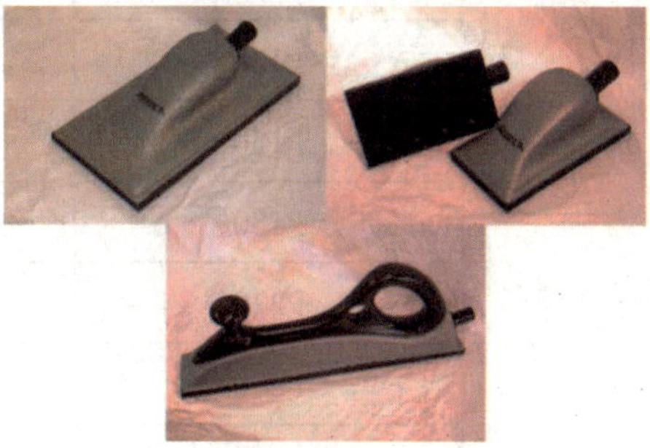

图1-2-33 手刨

（2）干磨用的手刨。由于车身板件形状比较复杂，多有不同的弧形和线条，再加上边角部位，在干磨原子灰的这些部位、区域完全采用机磨方式恢复形状是十分困难的，大多需要用手刨进行手工打磨。另外，手刨还可用于面漆前中涂底漆的粗打磨，如中涂底漆的流刮处理、修补区域的粗打磨等。手刨的规格一般为宽度70 mm，长度有125 mm、198 mm、420 mm等，具体以工件的大小和形状不同来选用。实物举例如图1-2-33所示。

（三）打磨材料

1. 砂纸

打磨工具在使用时都必须选用合适型号的砂纸作为打磨材料。砂纸是通过黏结剂把磨料黏结在基材纸上制成。

（1）磨料。

砂纸的磨料起打磨切削作用，常用的类型分为氧化铝和碳化硅（金刚砂）。氧化铝磨料硬度高、耐久性好、使用寿命长，多用于除锈和除旧涂层、打磨原子灰和打磨旧涂层的砂纸上；碳化硅磨料呈黑色、锐利，多用于打磨旧涂层以及抛光前对新涂层的打磨砂纸上。

（2）干磨、水磨砂纸。

二者的区别在于：砂纸的基材纸和黏结剂的耐水性不同。水磨砂纸的基材纸和黏结剂的耐水性优于干磨砂纸；砂纸磨料分布的疏密程度不同。水磨砂纸磨料分布紧密，干磨砂纸分布稀疏，磨料只占砂纸表面的50%～70%。

注意：干磨、水磨砂纸在使用中不能互换！干磨砂纸用于水磨易出现磨料脱落；水磨砂纸用于干磨易出现砂纸表面被粉尘堵塞。

（3）砂纸型号。

不同涂装作业选用不同粗细磨料的砂纸，砂纸的粗细用番号数字来表示。目前，世界上对砂纸的分级主要有欧洲标准、美国标准、日本标准，欧洲标准是汽车维修行业常用的，砂纸番号前加“P”表示，一般砂纸番号数字越大，表示砂纸越细。不同砂纸分级系统对照参见表1-2-10。另外，欧洲标准FEPA干磨、水磨砂纸番号对照见表1-2-11。

表1-2-10 不同砂纸分级系统对照表

欧洲标准FEPA	美国标准ANSI	日本标准JIS
P60	60	# 60
P80	80	# 80
P120	120	# 120
P150	150	# 150
P180	180	
P220	220	# 180
P280	240	# 320
P360	280	
P400	320	# 360
P600	360	# 500
P800	400	# 600
P1000	500	# 800
P1200	600	# 1000

表1-2-11 欧洲标准FEPA砂纸番号对照表

干磨砂纸系列	水磨砂纸系列
P100	P180
P120	P220
P150	P240
P180	P280
P220	P320
P240	P360
P280	P400
P320	P500
P360	P600
P400	P800
P500	P1000

不同涂装干磨作业的工艺流程,需要正确选择不同砂纸番号,可以表1-2-12为参考。

表1-2-12 干磨砂纸番号对应的工艺流程参考

砂纸番号	工艺流程
P60 ~ P80	除旧漆
P120	补土前打磨羽状边
P180	补土后打磨羽状边
P240	补土后打磨羽状边
P320	补土后打磨羽状边
P400	打磨中涂底漆(单工序)
P500	打磨中涂底漆(双工序)

2. 菜瓜布

菜瓜布(或称百洁布)是采用在三维纤维上黏结磨料颗粒制成,柔软性好,打磨方便,适合特殊材料和外形复杂部位的打磨,如可用于塑料件喷涂前的打磨,面漆前的打磨,驳口前漆面的打磨,尤其适合对边角、复杂形状处的打磨等。

(四)干磨设备的使用

不同的干磨设备其使用的方法也不同,须严格按照设备使用说明书进行正确使用与维护。下面以移动式打磨系统干磨机使用为例,说明在使用中的注意要点。

1. 干磨设备的使用与维护

(1)检查打磨系统的润滑状况。每天使用前须检查、添加油雾器中的润滑油。

(2)检查打磨机轴承是否缺油或损坏。

(3)检查气管管路的连接是否牢靠,避免沾水和挤压变形,保证供气、吸尘功能正常。

(4)检查电线、接头连接是否正常可靠。

(5)定期清洁滤芯,半年或一年更换1次。

(6)半年检查1次电机电刷,电刷长度磨损到1.5 cm时更换。

(7)定期检查和更换吸尘袋,灰尘量不可超过吸尘袋容量的4/5。

2. 打磨操作的注意事项

(1)使用前需正确选择挡位开关,使用后及时关闭。

(2)正确选择、调整转速。一般气动干磨机启动前置于最高挡,启动后根据需要再由高调到低;电动干磨机启动前置于最低挡,启动后根据需要再由低调到高。

(3)砂纸、打磨垫和中间软垫安装粘贴时,位置要对正,吸尘孔应对齐,保证吸尘效果。

注意：在安装砂纸或中间软垫前应使用打磨垫保护！

(4)打磨前须先把打磨机静置于工件表面再启动，避免转动的打磨机磨伤工件；打磨结束后须先使打磨机停止转动后再放置，避免转动的打磨机碰到其他物体或损伤打磨机。

(5)打磨前检查砂纸的磨损程度并及时更换，正确选用砂纸型号，保证打磨的效率。

(6)打磨机使用中要轻拿轻放；打磨时应尽量依靠打磨机自重自然放平打磨，一般打磨机与工件表面的夹角不超过15°；不要过度下压载荷和局部打磨，容易造成打磨机托盘损坏。

(7) 打磨作业时如有不正常震动、异响时，应停机检查。

(8)打磨结束后，应取下砂纸、中间软垫，并用干净的压缩空气除去打磨机的灰尘，不可用溶剂清洁。

六、遮蔽材料

(一)遮蔽的作用

在喷涂作业前，为了防止喷涂产生的漆雾、虚漆飞溅到无须喷涂的工件表面、车体上面，需要对待喷工件的相邻区域、部位进行遮蔽保护。

(二)遮蔽材料的分类及特点

1. 报纸

传统遮蔽材料一般选用报纸，其具有使用成本低廉的优点，但也存在以下问题，目前越来越多的企业已不再选用。

(1)报纸使用量大，浪费严重；手工贴护速度慢，耗力耗时。因此，使用效率不高。

(2)报纸的油墨、纤维容易脱落形成漆面的脏点，增加后期抛光作业量。

(3)油漆可透过报纸渗透到车体表面上，增加后期处理的工作量。

2. 遮蔽胶带

遮蔽胶带应具有耐60～80 ℃的高温烘烤，耐溶剂，不会在撕下胶带后残留余胶的特点。通常由背面处理剂、背衬底材、底层涂料和黏结剂组成。见表1-2-13。

表1-2-13 遮蔽胶带组成及功能

序号	组成	功能
1	背面处理剂	防止遮蔽胶带自身黏结
2	背衬底材	多用纸质材料，具有一定韧性
3	底层涂料	保证黏结剂与背衬底材间附着力，防止黏结剂残留在工件面
4	黏结剂	保证遮蔽胶带牢固粘贴在工件面

依据不同的用途，遮蔽胶带可以分为以下几种：

(1)普通纸质胶带。一般用于正常情况下的贴护，使用最多。

(2)纸质褶皱表面胶带。用于弯角、曲面部位。

(3)分色胶带。其底材为聚氯乙烯，柔软性好，非常适合双色或多色喷涂，能使不同颜色分界边缘清晰、整齐、无缺陷。另外，也适合贴护圆形边界。

(4)线条喷涂胶带。能高效完成平行、平直线条贴护。

(5)缝隙胶带。由聚氨酯泡沫体中加入黏结剂而成，呈圆柱形，可用于工件之间缝隙的遮蔽。

(6)密封条遮蔽胶带。用于车窗密封条、装饰条与车身板件交界处的贴护遮蔽。

3. 遮蔽纸、遮蔽膜

当前，汽车维修企业常使用的遮蔽材料是专用的遮蔽纸、遮蔽膜。

(1)遮蔽纸的特点。

①能快速吸干油漆，可避免油漆在遮蔽纸上的流挂产生；

②由于纸基紧密，可防止油漆渗透；

③已通过静电处理，能有效防止灰尘吸附和纤维脱落，避免喷涂时产生脏点；

④由于纸基柔软，易于粘贴任何不规则的表面；

⑤耐高温、耐溶剂。

(2)遮蔽膜的特点。

①由聚乙烯、聚丙烯制成薄膜，特别适合大面积遮蔽；

②能防止溶剂渗透，不会产生静电吸附灰尘；

③耐 60 ~ 80 ℃高温；

④特别是能防止漆层脱落。

任务实施

活动一 喷枪的使用

一、作业准备

	1.防护用品的准备与检查

	2. 喷枪、板件、涂料和试枪纸等工具、材料的准备 提示:板件必须彻底清洁除油。

二、操作步骤

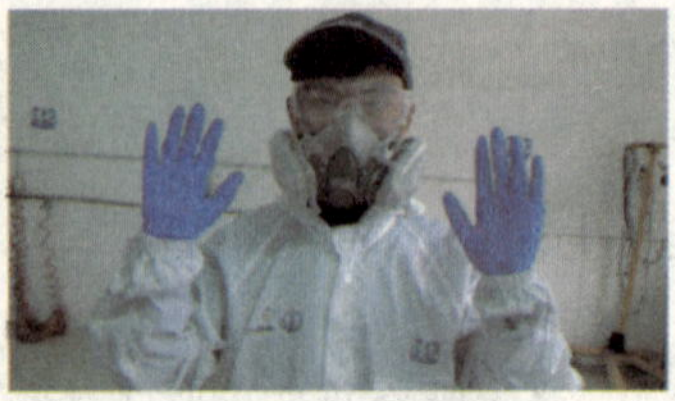	1. 穿戴喷涂防护用品 (1)穿戴工作服、工作鞋、工作帽、防护眼镜、尼龙手套和防毒面罩等。 提示:喷涂作业时应穿防静电工作服。
 	(2)调整持枪姿势。

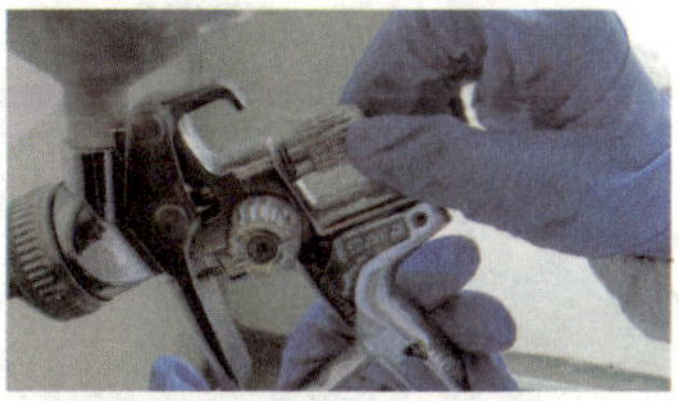	3. 试枪检查 (1)调整喷枪出漆量。
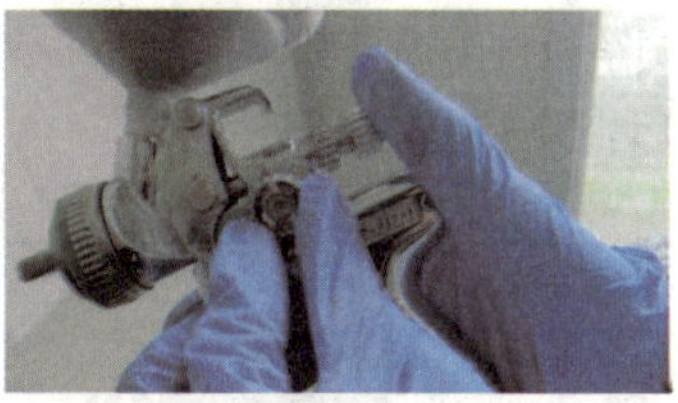	(2)调整喷枪喷幅。
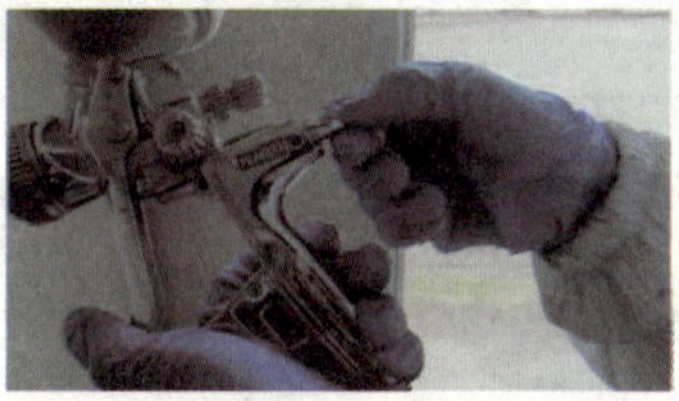	(3)调整喷枪气压。
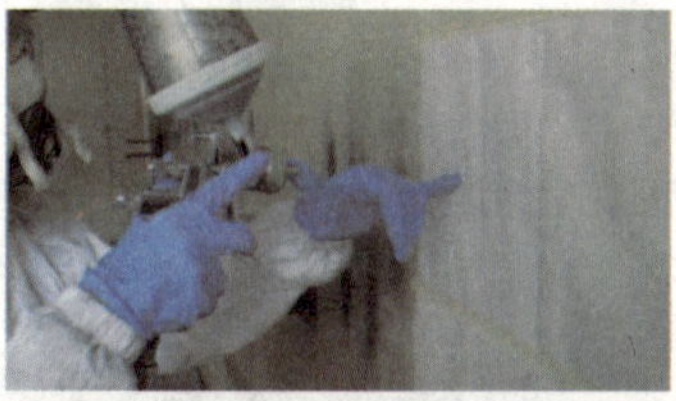 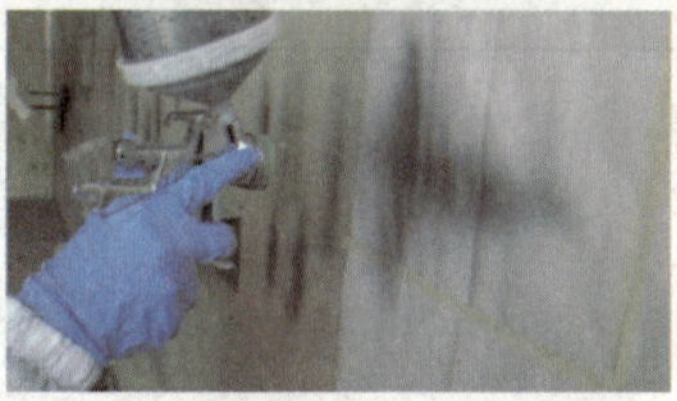	(4)试枪枪距为15～20 cm,在试枪纸上分别进行横向、纵向的喷涂效果检查。
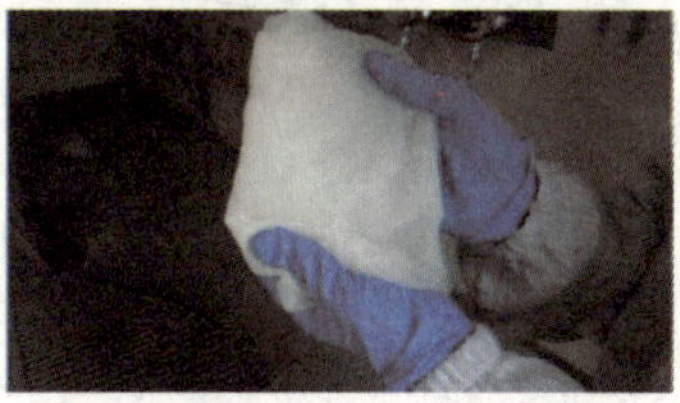	4.粘尘 (1)将粘尘布完全打开,然后反方向叠起。

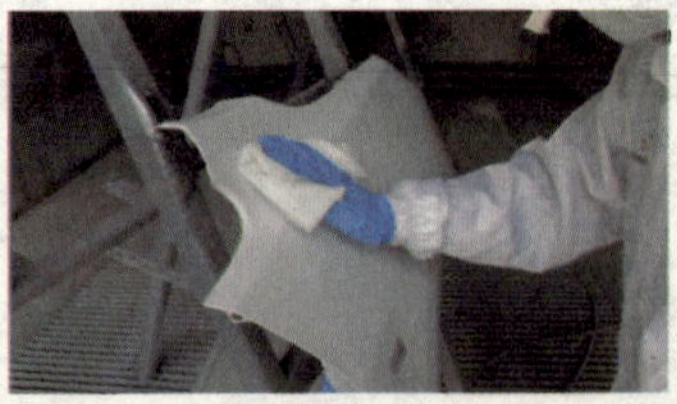	(2)把板件表面和边缘处的尘粒粘除干净。
	5. 调整板件喷涂姿势 (1) 调整喷涂站立姿势。 (2) 调整喷涂持枪姿势。
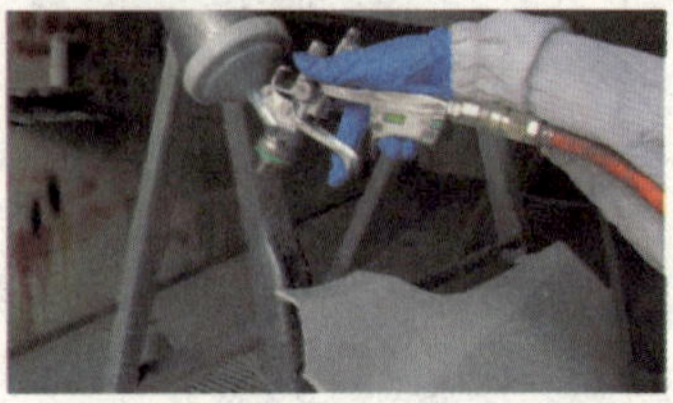	6. 调整始喷位置 提示：始喷位置应选择在板件边缘外10～20 cm。
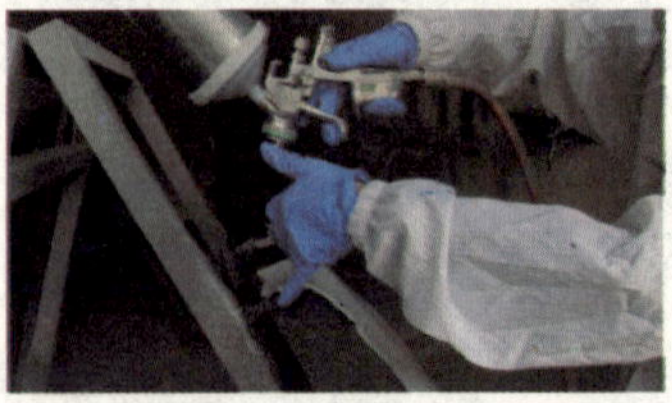	7. 调整喷涂距离
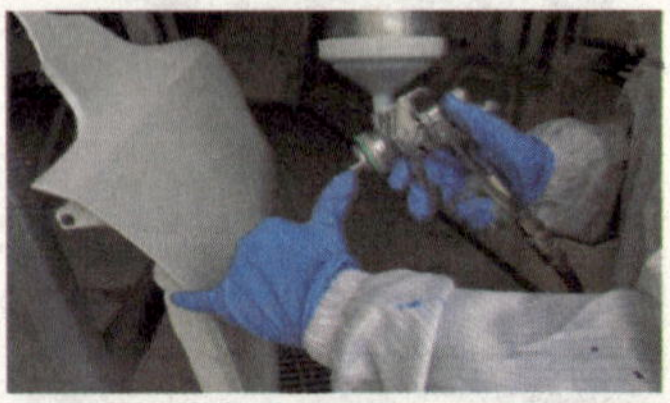 	8. 协调喷涂姿势，始终保持喷枪与板件面间的距离、垂直关系和匀速平行移动

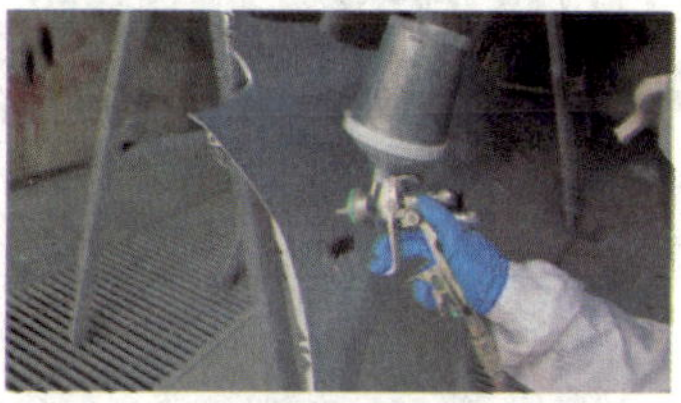	9. 调整转枪位置和姿势
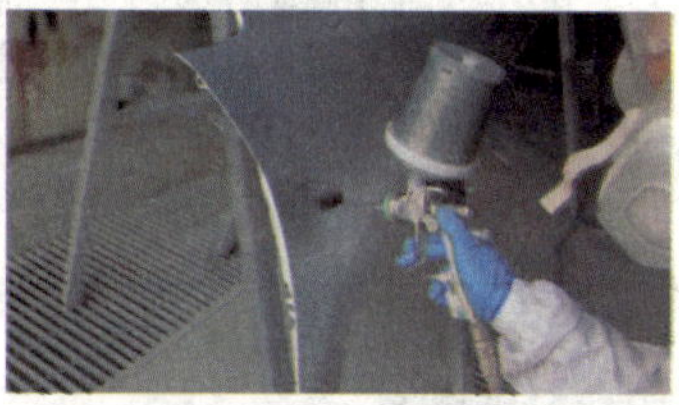	10. 转枪后始终保持固定的喷幅
	11. 调整终喷位置
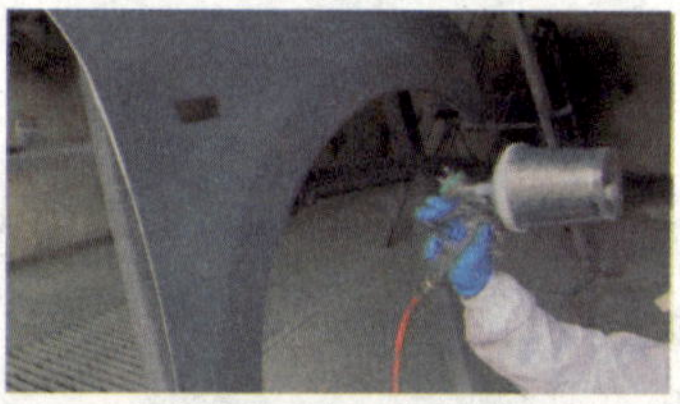	12. 板件内边缘的喷涂
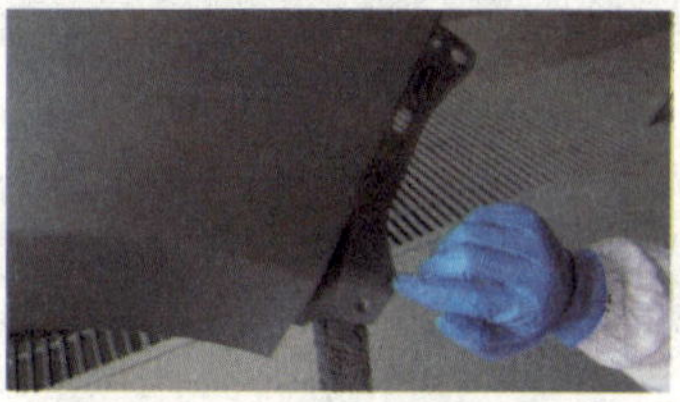	13. 闪干 检查漆面亚光状态或用手指沾试边缘以外处。
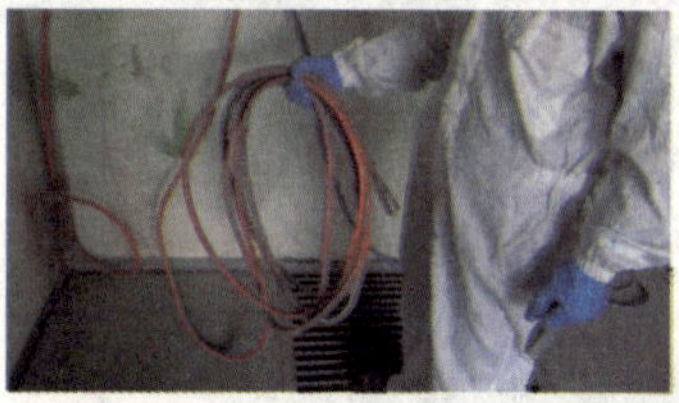	14. 结束工作(清洁、整理) (1)清洗喷枪、喷壶等。 (2)按照"5S"规范清洁、整理工位和设备等,并佩戴正确的防护用品。

活动二 红外线烤灯的使用

一、作业准备

	1. 红外线烤灯、待烤板件等的准备 2. 检查烘烤作业区域安全状况，严禁易燃易爆物品

二、操作步骤

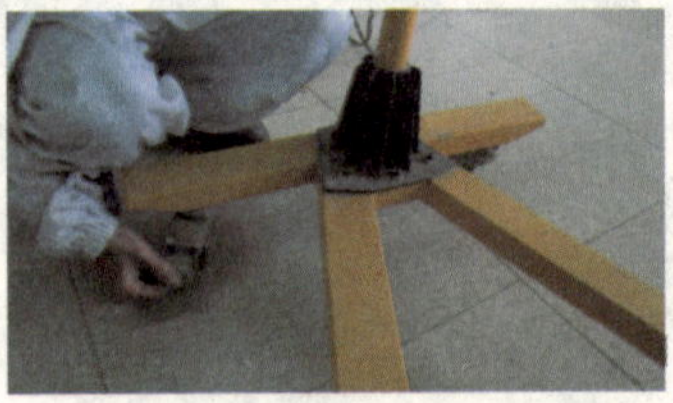	1. 移动烤灯到烘烤位置，并固定位置
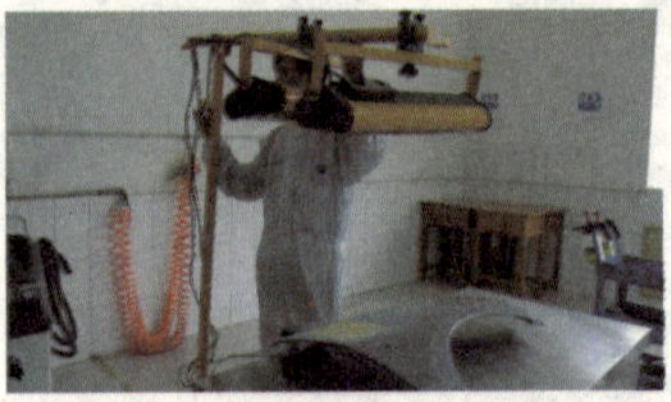	2. 调整烤灯与板件的距离，一般为60～70 cm
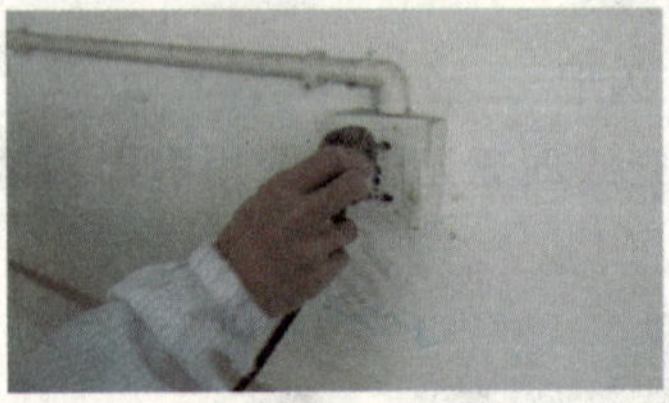	3. 连接烤灯电源
	4. 设置烤灯烘烤模式、温度和时间等

	5. 打开烤灯工作开关
	6. 检查烤灯工作状况
	7. 关闭烤灯工作开关，烤灯烘烤温度、时间开关归零
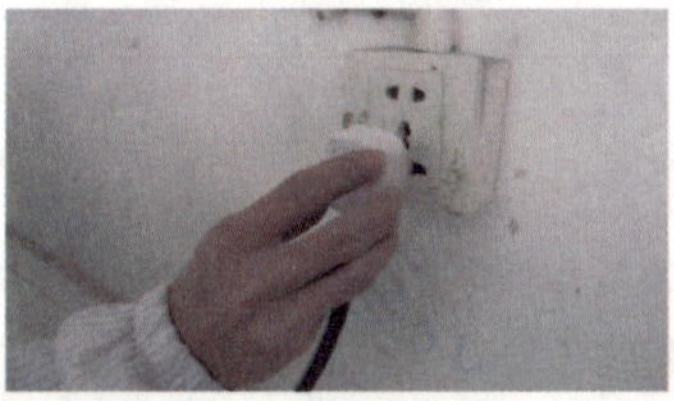	8. 断开烤灯电源
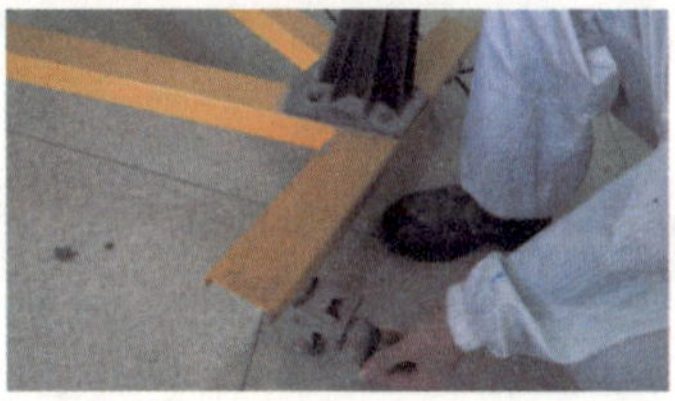	9. 松开烤灯固定装置，移动到存放位置，并固定

活动三 打磨机的使用

一、作业准备

	1. 防护用品的准备与检查
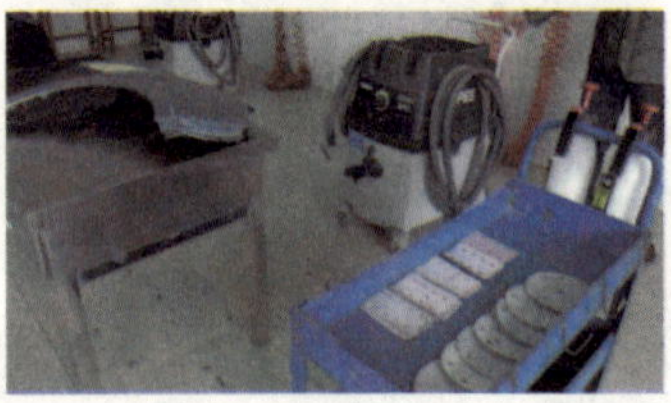	2. 打磨系统设备、工具的准备 3. 打磨材料、砂纸的准备 4. 打磨板件及工位的准备

二、操作步骤

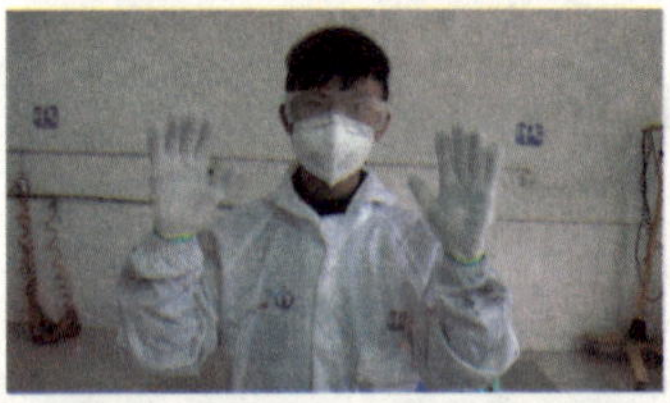	1. 穿戴打磨防护用品 穿戴工作服、工作鞋、工作帽、防护眼镜、棉线手套和防尘口罩等。
	2. 连接打磨系统电源、高压空气管路
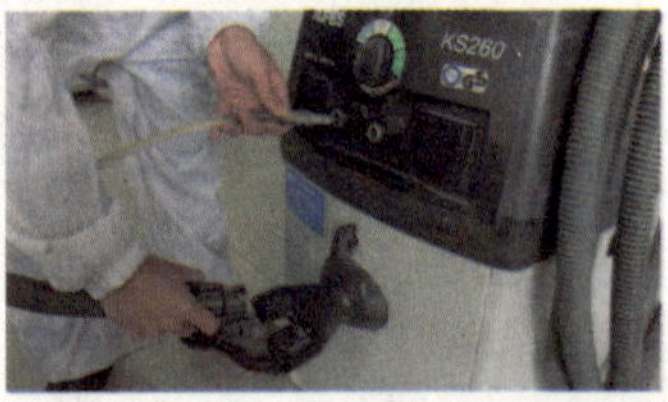	3. 连接打磨机、手刨及管路 (1)连接打磨机及管路。
	(2)连接手刨及管路。

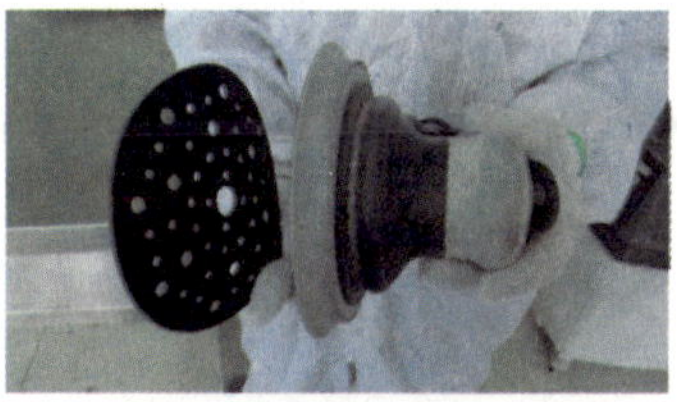	4. 安装打磨机保护垫
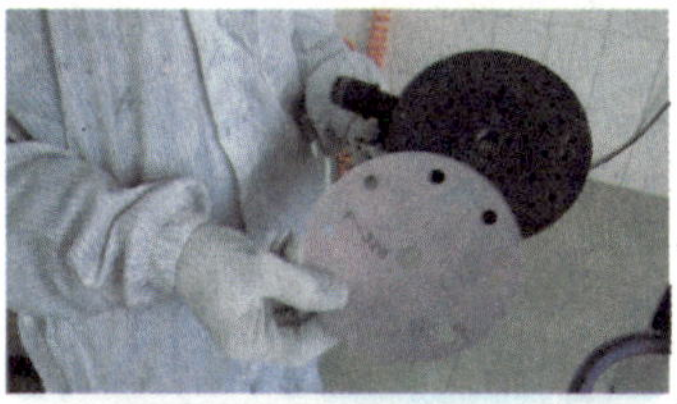 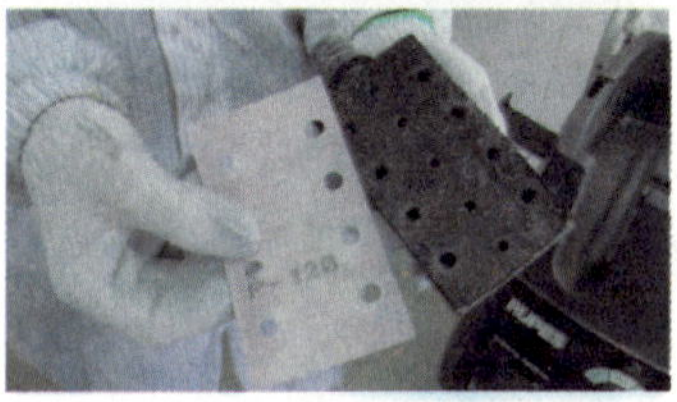	5.选用砂纸，安装打磨机、手刨砂纸
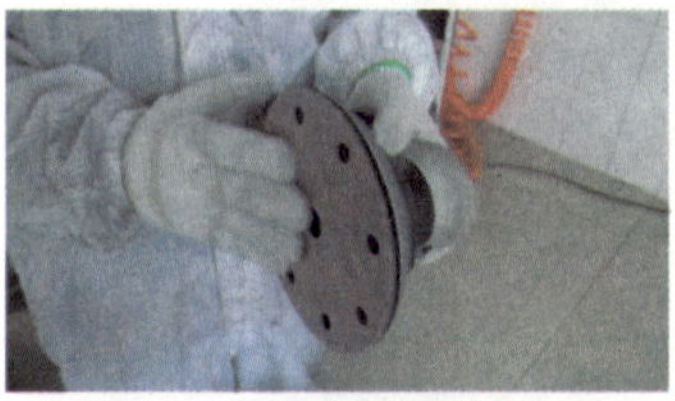	6.打磨机的打磨操作 （1）打磨机托盘及其转动情况检查。
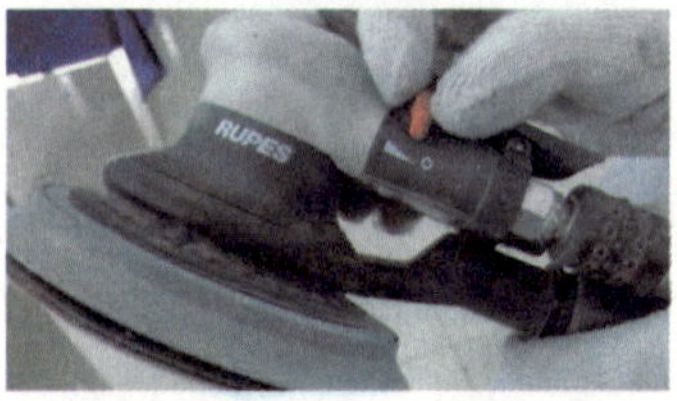	（2）打磨机转速检查、调整。
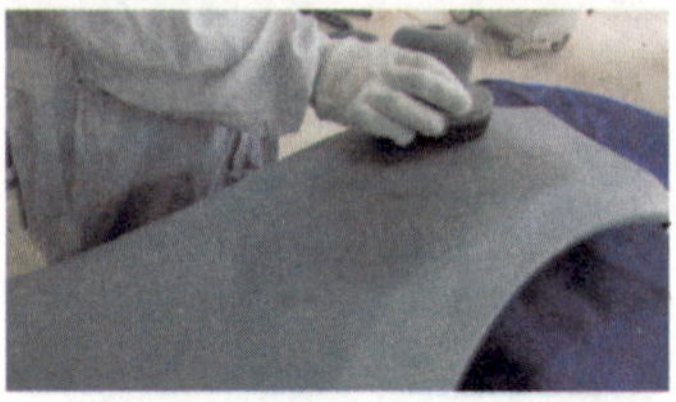	（3）涂碳粉。
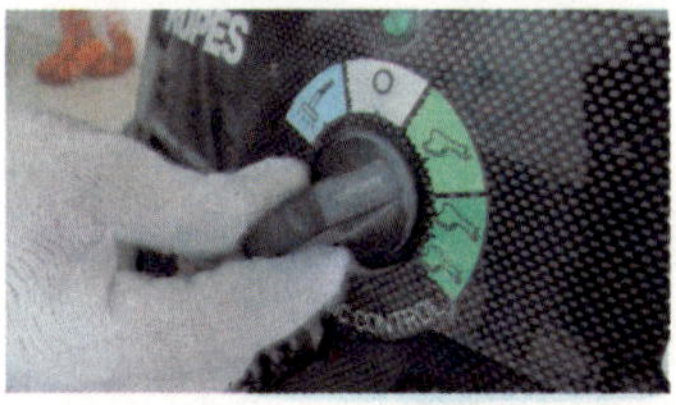	（4）打磨机打磨板件。 ①打开吸尘功能按钮。

	②打磨机平放在板件打磨面上(静止状态)。
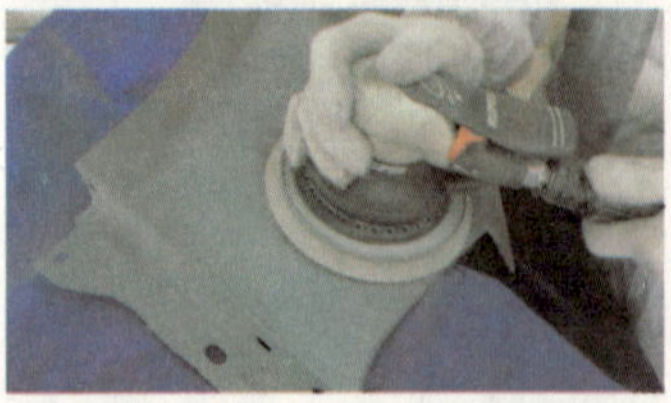	③打开打磨机工作按钮,来回打磨板件。
	④打磨结束后,打磨机停止状态下放回原处,关闭吸尘功能按钮。
	(5)检查打磨机打磨效果。 ①检查碳粉分布状态。
	②用手检查打磨面的平滑状态、砂纸痕迹等。
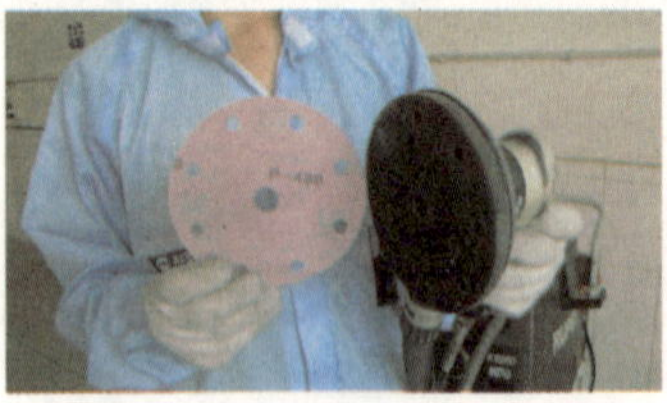	(6) 打磨机装软垫打磨板件。
	7. 手刨打磨板件 (1)涂碳粉。
	(2)打开吸尘功能按钮。

	(3)手刨平放在板件打磨面上(静止状态)。
	(4)前后来回打磨板件。
	(5)打磨结束后,手刨放回原处,关闭吸尘功能按钮。
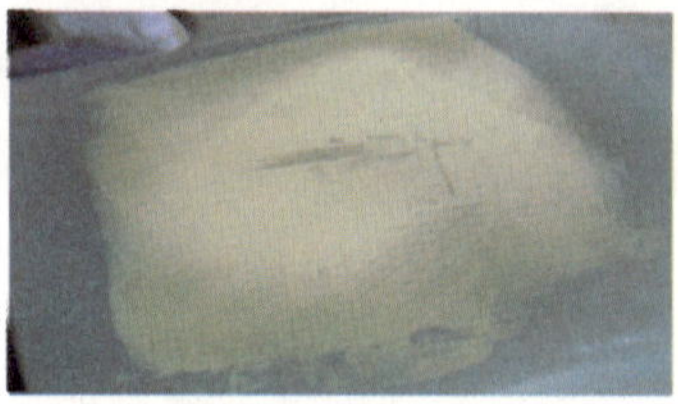	(6)检查手刨打磨效果。 ①检查碳粉分布状态。
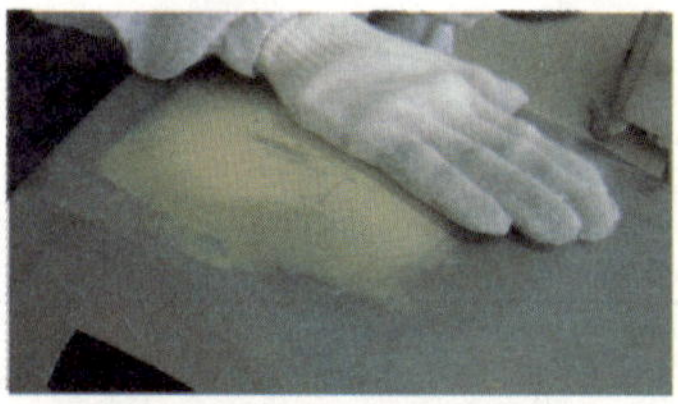	②用手检查打磨面的平滑状态、砂纸痕迹等。

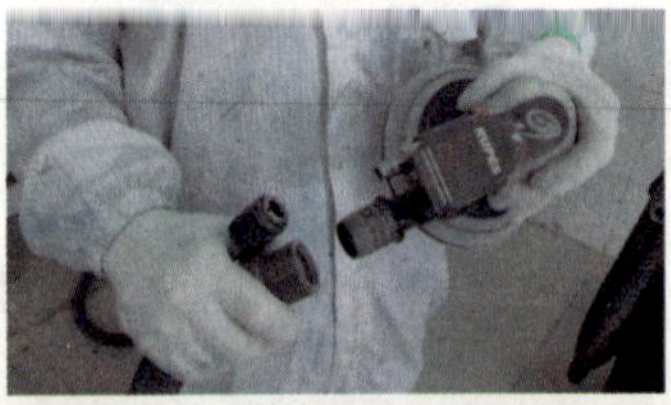 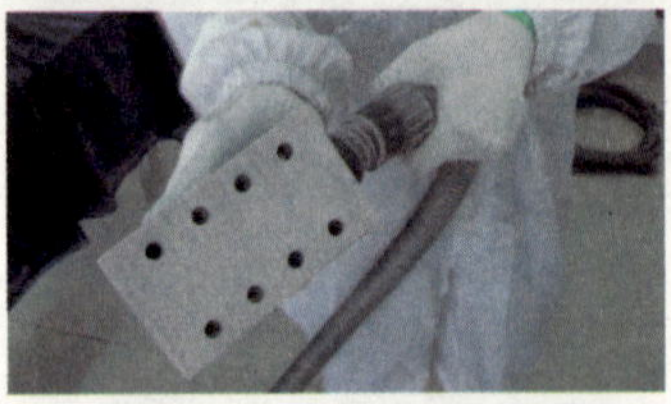 	8. 结束工作 (1)拆下打磨机、手刨及管路。
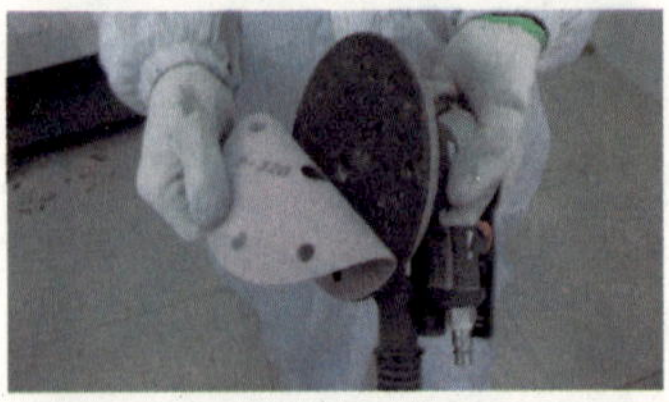 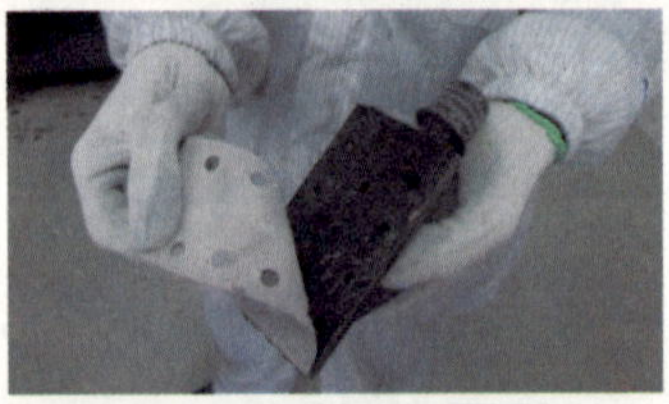 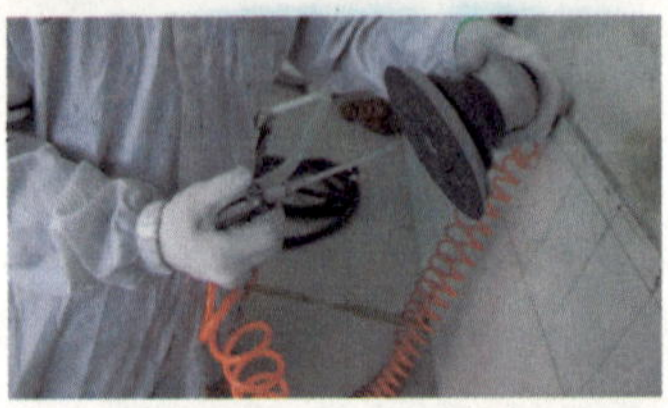 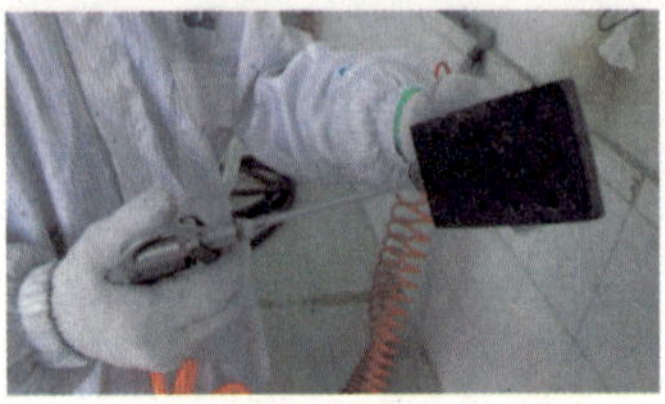	(2)拆下打磨机、手刨的砂纸、软垫、保护垫,并用高压空气清洁。

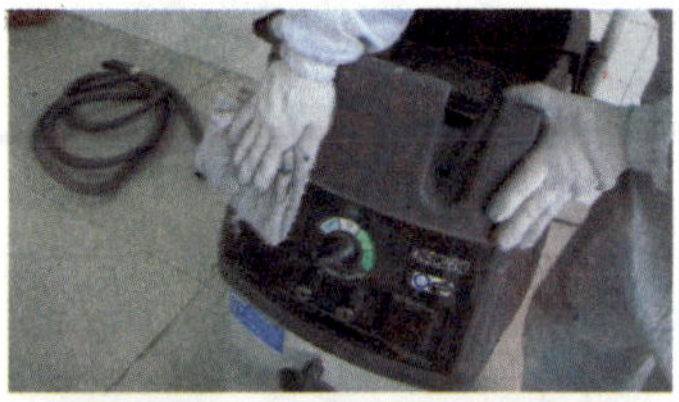 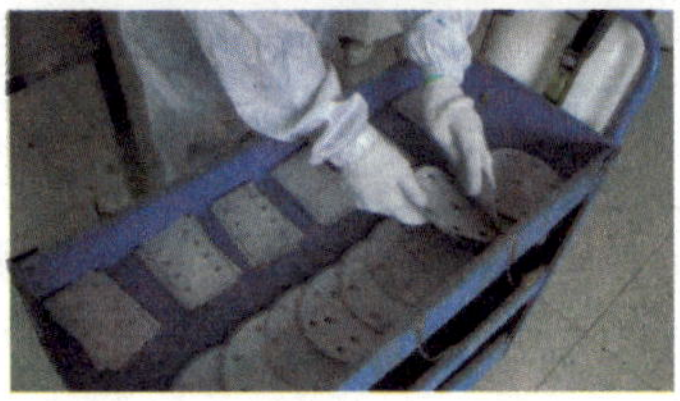	(3)整理、清洁工具车、工位。

任务检测

一、选择题

1. 打磨机的吸尘电动机电刷需要定期更换，更换的标准为长度磨损到(　　)。

   A. 2.5 mm　　B. 1.5 cm　　C. 2.5 cm

2. 单动作打磨机因其切削力强，主要适合于以下(　　)操作。

   A. 除锈、除漆　　B. 打磨羽状边　　C. 打磨原子灰

3. 水磨打磨垫板中的海绵垫用于(　　)。

   A. 打磨原子灰　　B. 打磨中涂底漆　　C. 抛光前打磨

4. 损伤区域较小时，去除旧漆膜可以使用的干磨砂纸型号是(　　)。

   A. P120　　B. P180　　C. P80

5. 去除工件表面的锈蚀，应使用(　　)。

   A. 单动作打磨机　　B. 偏心距3 mm的双动作打磨机

   C. 偏心距6 mm的双动作打磨机

二、判断题

1. 打磨时更换砂纸应遵循每次不能超过2级的原则。(　　)
2. 打磨羽状边可以不使用P180砂纸，以节约材料和提高效率。(　　)
3. 干磨主要使用干磨机打磨，难以机磨的位置使用手工干磨。(　　)

任务评价

班级：			姓名：			
评价内容	过程性评价		终结性评价		持续发展性评价	评价人
知识评价						自评
						互评
						教师评价
						总评
技能评价						自评
						互评
						教师评价
						总评
情感评价						自评
						教师评价
						企业评价
						总评

任务拓展

水性底色漆施工设备

目前油漆品牌厂家推广的的水性修补漆，都赋予了产品良好的适应性，在现有设备基础上做适当改造，就可满足水性漆的施工要求。

一、保证烤漆房的运行

烤漆房内风速需达到0.2 ~ 0.6 m/s，保证烤漆房的良好运行。

二、正确选用水性漆喷枪

选用带气压表的HVLP型水性喷枪（喷嘴口径为：1.2 ~ 1.3 mm，如SATA WBS、DeVilbiss HVLP、Lwata HVLP），才能保证喷涂样板与最终修补结果一致。特别注意使用溶剂清洗后的喷枪，务必要彻底清洁并用清洁干燥空气吹干。使用操作时，喷涂纯色漆方法为一个双层（半干层和半湿层），银粉漆和混合珍珠漆喷涂方法为一个双层和一道雾喷层。水性漆喷枪的设置按表1-2-14操作。

表1-2-14 水性漆喷枪的设置

喷枪品牌	特威		萨塔	
喷枪型号	DeVilbiss GTi Pro H1B - 13		SATA jet 4000 B HVLP WSB 1.25	
喷涂方法	双层	单层雾喷	双层	单层雾喷
出漆量	打开3圈	打开3圈	打开2圈	打开1圈
扇面	打开90% ~ 100%	全部打开	打开3 / 4	全部打开
气压	120 ~ 150 kPa	100 kPa	130~150 kPa	110~120 kPa

三、正确使用吹风枪

由于溶剂型色漆喷涂采用自然干燥法，如果使用外力干燥如吹风会导致色漆排列不均匀而使颜色发花；而水性色漆在喷涂后可以用高压气流吹其表面，强制其干燥，既能加快干燥速度又不影响质量。吹风枪的耗风量须达到200 ~ 300 L/min，可选用SATA Dry jet-82222DeVilbiss DMG-501-K等。使用时要注意：在每次操作前，都必须检查滤网是否受到污染；如果吹风枪上沾有涂料，应使用稀释剂和刷子清洁吹风枪外部；不要把吹风枪浸入稀释剂或超声波清洁设备中；在进行任何维护或清洁工作前，都必须断开吹风枪与气源间的连接。

四、正确使用免洗枪壶、泵式喷洒瓶、洗枪机

由于PPG水性漆独有的Microgel微胶抗沉淀技术，色母不沉淀，无须搅拌，保质期长的特性，可用免洗枪壶存放在保温柜内再次使用，节约油漆成本；泵式喷洒瓶可装水性清洁剂喷洒工件表面，进行水性除油，还可在烤漆房内快速清洗喷枪；洗枪机用于清洗喷枪及调漆用具，配合水性漆助絮凝剂和水性喷枪清洁剂使用，可实现循环使用而更环保。

任务三　汽车涂料认识

任务目标

目标类型	目标要求
知识目标	(1)能描述车身涂装的概念、分类及特点 (2)能描述涂料的发展史 (3)能描述涂料的组成和作用 (4)能描述水性漆的特点
技能目标	(1)能认知涂料的类型 (2)能实施涂料的调配
情感目标	(1)具有作业现场的“5S”习惯 (2)养成个人防护安全、环保观 (3)养成作业质量、效率观

任务描述

汽车修补涂装需要不同成分的涂料组合,经过喷涂后形成对车身表面的膜状物覆盖,并达到防腐蚀保护、美观和标识作用。因此,认识涂料的组成和成膜机理,以及如何正确选用涂料是涂装从业人员的基本知识和技能。

任务准备

一、概述

(一)车身涂装的概念和分类

车身涂装是指对汽车车身表面、内部、底盘等部位使用涂料进行涂装,以实现保护、美观、标识作用。

车身涂装一般分成两大类,一类是汽车生产厂或汽车零部件生产厂的涂装,其可根据车身、零部件是金属件或塑料件选择使用高温漆或者低温漆;另一类是针对发生事故或者车身漆面受损汽车的车身修补涂装，在汽车维修企业一般使用低温修补漆进行涂装。

（二）车身修补涂装

汽车生产厂和零部件生产厂大多采用机器人喷涂，只有当漆膜表面有缺陷或受损时，才会人工修复。由于汽车维修企业所维修的事故车辆或受损车辆，其受损位置、受损程度千差万别，修复使用的材料复杂，汽车车身颜色变化多样。所以，汽车维修企业必须是由喷漆维修技师人工修复。对喷漆维修技师的技术要求更高于生产企业中的涂装技师及修补技师。在维修修复车身漆面时，虽然会采用打磨机、喷枪、抛光机这些工具，但是这些工具都完全要靠人手工操作，所以修补漆涂装技术是一种技术含量很高、社会认可度很高的技术，这也是喷漆技师在全世界都是一个较为紧缺、收入较高的职业的原因。

二、汽车涂料的发展史

当前，汽车工业采用了大量金属材料，由于涂料能够广泛地应用于不同材质的物体表面，并能适应不同的性能要求，因此涂装成了普遍应用的重要防锈蚀措施。涂料就是可以通过浸涂、刷涂、喷涂等不同的施工工艺涂覆在物件表面，形成具有保护、装饰或者特殊功能的固态薄膜的材料。作为车身涂装修补从业人员，必须了解涂料的分类、性能、操作工艺、成膜原理等方面的知识，才能确保汽车涂装修补质量。

人类生产和使用涂料已有悠久的历史，早在公元前两三千年我国古代劳动人民就已经学会从天然的漆树上采集生漆液用于保护日用品。正因为早期涂料大多以植物油和天然树脂为主要原料，故被叫作油漆。现在仍然用漆给具体的涂料命名，如底漆、色漆、清漆等。

汽车涂料发展初期，人们把一些天然物质如松油、亚麻仁油、炭黑等配成油漆刷涂到车身上，刷涂一部车大约需要一个月时间，严重限制了汽车的批量生产。1924年，随着硝基漆的发明，油制涂料被取代。由于硝基漆使用简单、干燥快，能使涂装周期大大缩短，汽车工业化的涂装瓶颈得到解决，所以迅速得到广泛使用。第二次世界大战后，醇酸合成树脂的汽车涂料也开始被广泛使用，这种涂料覆盖性良好，具有良好的光泽，而且耐候性能也比之前的涂料好。20世纪60年代，汽车原厂漆领域发明了电泳底漆、氨基高温烤漆、聚氨酯高温烤漆等，涂膜亮度、硬度以及耐候性得到进一步提升。单组分的丙烯酸风干漆也开始应用于修补漆市场，由于其干燥快、使用简单、光泽和耐候性能都比硝基漆好，所以受到喷漆技师的欢迎。20世纪70年代是汽车修补漆发展得到重大突破的年代，双组分的聚氨基丙烯酸汽车修补漆被研发出来，由于其光泽、耐候性和整体质量可以跟原厂汽车生产用涂料相媲美，故成为至今汽车维修喷漆的主要涂料。

从20世纪70年代开始，汽车颜色也越来越丰富，金属漆和珍珠漆逐渐被应用在汽车上，满足了人类日渐丰富的个性化需求；到了20世纪80年代，随着各国对环保的日益重视，低碳环保的高固体成分涂料开始得到了汽车厂商的充分应用，涂料的研发更以环保为核心和方向；1986年，水性汽车漆被发明，并在汽车制造厂首先投入使用，1992年开始在汽车修补漆市场投入使用。

近年来，耐擦伤清漆和亚光清漆在汽车上广泛应用。由于汽车表面清漆容易受到沙砾的划伤，以及一些不恰当的洗车方法、自动洗车房所使用的毛刷等都有可能划伤清漆表面，从而导致清漆表面亮度、丰满度降低。所以，从20世纪末期开始，一些汽车制造厂开始使用耐擦伤清漆，并同时在售后修补市场也配套使用耐擦伤修补清漆，如梅赛德斯奔驰、英菲尼迪、雷克萨斯、丰田等。其中，梅赛德斯奔驰所使用的纳米陶瓷清漆比较特殊，这种清漆于1999年开始在梅赛德斯奔驰生产的车辆上应用，经过逐步扩展，目前大部分梅赛德斯奔驰轿车都使用了这种耐擦伤清漆。纳米陶瓷清漆的特殊之处是采用了纳米技术将硬度很高的无机物二氧化硅颗粒等材料交联于涂膜上，从而提供了普通清漆无法提供的硬度和耐刮擦性能。在清漆中加入的二氧化硅纳米颗粒会在反应过程中浮至表面，干燥后的纳米陶瓷清漆漆膜由上、下两部分组成，上层部分约占10%的表层是二氧化硅纳米颗粒形成的无机层，硬度很高，这部分漆面的抗刮擦能力随着时间的推移基本保持不变，所以漆面能够长期保持高硬度、高光泽。而普通清漆的整个漆膜都是有机化合物，清漆层整体保持相同的硬度，随着时间的推移，其表面抗机械影响的能力会逐步降低。

亚光清漆也是近年来高端汽车品牌开始使用的一种特殊效果清漆，和以前喷涂在部分车身位置，采用罩光清漆添加亚光剂降低光泽至半亚光或者亚光不同，亚光清漆属于完全亚光的清漆，漆面表现更为亚光，更为高档，故目前兰博基尼、梅赛德斯奔驰、宝马等生产厂都采用全车喷涂亚光清漆喷涂部分车型，并得到消费者的青睐。涂料厂商同时也生产亚光汽车修补漆供此类车辆修补时使用。

以上所介绍的颜色色漆水性化，颜料技术的不断革新，以及喷涂科技的不断多样化，都给车色个性化的实现创造了广阔的空间。从颜色效果上分，车色通常可以分成素色、银粉、珍珠等三大类，而构成其颜色效果的核心——颜料、铝粉、云母等材料的生产工艺和应用方法在近几十年来有了很大进步。通过对颗粒大小、形状、排列方式、组合应用等多方面的调整，现在的车色中素色变得更为鲜艳纯净、金属色变得更为闪亮耀眼；而其他特殊颜色效果更有变化，以前主要在正侧面颜色明显变化的变色龙效果，目前逐步细分出了多种特殊炫彩效果的颜色，如变色龙幻彩效果，果糖亮彩效果，水晶珍珠效果，激闪炫彩效果，星亮焰彩效果等，为汽车市场注入时尚、个性，为爱车人士所喜爱。对个性化车色的追求还催生了一种特殊的职业——个性化喷绘技师，引领了个性化车色的潮流。

三、涂料的组成

涂料的组成按其所用原料的性能、形态可分为树脂、颜料、溶剂及助剂等。

(一)树脂和成膜方式

树脂是涂料的主要成膜物质，是涂料的最基本组成部分。也称为基料、漆料或漆基。涂料中没有树脂，就不能形成具备牢固附着力的涂膜。涂料的许多特性主要取决于树脂的性能。

涂料按照树脂的成膜方式可分为溶剂挥发型、氧化聚合型、烘烤聚合型和双组分聚合型。

1. 溶剂挥发型

涂料在常温下靠溶剂挥发干燥成膜。在干燥过程中，成膜物质的分子结构不产生化学变化。属于这种成膜方式的有乙基纤维素涂料、硝化纤维素涂料、过氯乙烯树脂涂料、热塑性丙烯酸树脂涂料等。溶剂挥发型涂料的优点是自然干燥速度快，但附着力、面漆亮度、耐候性等各方面性能都不如双组分聚合型，故近年来逐步被双组分聚合型修补漆代替，目前只有少数此种类型的填眼灰和中涂底漆仍在使用。

2. 氧化聚合型

这类涂料的干燥可在常温下进行。干燥过程大致分为两个阶段：第一阶段，溶剂从液态的涂膜中挥发出来；第二阶段，通过和空气中的氧气进行氧化和聚合反应，形成涂膜。酯胶漆、酚醛涂料、醇酸涂料等都是氧化聚合型涂料，优点是亮度较溶剂挥发型涂料好，但是干燥速度慢，重涂时易出现“咬底”等问题，故近年来已基本不在轿车维修中使用。

3. 烘烤聚合型

汽车在制造时，是将金属材料按照设计通过冲压、焊装工艺制作成车身，再对车身进行涂装。所以在涂装作业时，车身上都是金属件，不会在高温下受到破坏，为了满足生产效率要求，汽车制造厂采用高温烘烤型涂料进行涂装作业，所用的涂料我们常称为原厂漆，也称为高温漆。烘烤聚合型涂料即原厂高温涂料，这种涂料必须在一定的温度下烘烤，使成膜物质分子中的官能基发生交联反应而固化，形成立体网状结构，如热固性氨基醇酸涂料、热固型聚酯氨基涂料、热固性丙烯酸涂料等。当然，每种涂料都有一定的烘烤温度，不可随意升高或降低，否则对涂膜的质量有影响。例如，热固性氨基醇酸涂料在超过150 ℃下长时间烘烤会使涂层变色发脆，耐候性降低。原厂在附着力、光泽度、硬度、耐候性等各方面都有一定的性能标准，虽然说不同原厂的性能标准不同，但原厂高温涂料基本上都可以提供极佳的保护、美观性能。

4. 双组分聚合型

双组分聚合型涂料是目前低温修补漆最常用的类型，通常有使用异氰酸酯作为固化剂的丙烯酸聚氨酯涂料、使用胺加成物类固化剂和聚酰胺固化剂的环氧树脂涂料、使用异氰酸酯作为固化剂的环氧树脂涂料等。这种涂料的特点是配套提供涂料用固化剂，喷涂前将涂料和固化剂混合，则涂料中的树脂会与固化剂发生交联反应，固化而形成类似于原厂高温漆的立体交联结构，达到和原厂高温漆相媲美的恢复原状要求，故修理厂目前广泛使用双组分聚合型。这种涂料可以在常温下干燥，但干燥所需时间较长，一般20 ℃情况下需要12 ~16 h才能干燥，故我们一般采用60 ~80 ℃低温烘烤以加速其干燥速度，使其交联反应更充分，光泽、硬度、耐候性更有保证，之所以烘烤温度不能超过80 ℃，是因为汽车有很多塑料件、电路、电脑系统，通常它们的耐温都不能超过80 ℃。

（二）颜料

颜料为细粉状，或是天然矿物、金属粉，或是化学合成的无机化合物、有机染料。将其掺在涂料中，能赋予涂料一定的遮盖力和颜色，并能增加漆膜的厚度，提高漆膜的耐磨、耐热、防锈等性能。

（三）溶剂

溶剂是涂料的挥发部分，是液态涂料制造和涂装过程中不可缺少的组分之一，其作用是将涂料调整到施工所需的黏度以改善涂料的施工性能，并提高涂膜的物理性能，如展平性、光泽、致密性等。溶剂包括真溶剂、助溶剂和稀释剂，是按涂料所需要的溶解性能和挥发速度配制而成的混合物，在涂装和成膜过程中会挥发掉，留下涂料中的不挥发成分（树脂和颜料等）形成坚固的涂膜。

涂料施工时，树脂成膜物质在溶剂挥发过程中从溶液中析出，在这一过程中，溶剂的作用是控制涂膜形成时的流动特性。在此期间，如果溶剂挥发太快，则湿膜的黏度增加得过快，没有足够的流平时间，流平性差，导致表面凹凸不平，产生“橘皮”、皱纹等缺陷，而且由于涂膜对底材没有足够的润湿，因而不能产生很好的附着力。溶剂挥发太快，还有可能导致涂膜表面很快干燥，涂膜内层溶剂难以挥发，从而出现溶剂泡、针孔等缺陷。反之，如果溶剂挥发得过慢，湿膜黏度增长得过于迟缓，虽然流平性较好，但垂直面的涂膜却容易发生流挂。溶剂挥发过慢，也会影响到涂料中树脂和固化剂的反应速度，如果溶剂的组成比例在挥发过程中发生了变化，剩余溶剂对树脂的溶解能力就发生了改变，有可能导致部分树脂的析出，导致涂膜硬度不够等一些缺陷，整体性能也会降低。因此，溶剂的挥发速率是影响涂层质量的重要因素，控制好溶剂挥发量就显得尤为重要。

溶剂从湿膜中挥发出来是一个非常复杂的过程，受到许多因素的影响，如温度、湿度、空气的流动、成膜物与溶剂相互作用、湿涂膜中内部上下对流、内层向表层扩散速度等。

涂料中所含溶剂往往较少，在涂料施工前，需要添加稀释剂以进一步稀释涂料，调整涂料的黏度，使之符合施工要求。稀释剂的正确选用对涂膜性能有一定影响。错用稀释剂可能由于稀释剂的挥发速度过快或过慢导致出现上述的各种问题，严重时还会使涂料浑浊析出，导致报废；稀释剂用量过多会使色漆遮盖力差、光泽低、流挂；稀释剂用量过少则涂料会过稠，喷涂时涂膜流平性差，“橘皮”重。因此，一定要正确使用稀释剂，第一是使用涂料厂商配套的稀释剂，第二是按照产品使用说明中的比例添加。

（四）固化剂

固化剂主要应用于双组分涂料中，能与合成树脂发生化学反应而使其干结成膜，通常有胺类、异氰酸酯类及有机过氧化物等。

（五）添加剂（助剂）

为了满足汽车工业对汽车涂料高质量、高标准的性能要求，在涂料工业中，添加剂已经成为涂料、特别是高档涂料里不可缺少的组成部分。涂料添加剂的作用是改进涂料的生产工艺，提高涂料的质量并赋予涂料特殊功能，改善涂料的施工性能，包括光泽、保光耐候性、遮盖力、鲜映性和流动性等。依据添加剂对汽车涂料和涂膜的作用，添加剂可以分为以下几种：对涂料生产过程发生作用的添加剂，如消泡剂、湿润剂、分散剂和引发剂等；对涂料储存过程中发生作用的添加剂，如防沉淀剂；在涂料施工成膜过程中发生作用的添加剂，如催干剂、固化剂、流平剂、表面控制剂、静电调节剂等；对涂膜性能产生影响的添加剂，如增塑剂、消光剂、防静电剂、光稳定剂、抗划伤剂等。

增塑剂是与成膜物质的高聚物（树脂）混合以增加其弹性和附着力的添加剂。高聚物组成的涂料所形成的涂膜，由于其分子链段上的极性基团之间作用力，使链段很少有活动余地，所以其涂膜柔韧性较差，在受力时易脆裂、收缩及剥落。为了克服涂膜的这些缺点，需要在涂料中加入适量的增塑剂。

有的增塑剂加入涂料后可以充塞于相邻大分子链段之间以增大其间距，减弱其相互作用力，从而降低涂膜脆裂或折断的趋势；有的增塑剂利用其极性基团与高聚物的极性基团相互作用来相应地降低高聚物分子链段间的作用力。有的增塑剂同时具有上述两种效应，而有的增塑剂仅有其中一种。由于高分子链段间作用力的降低，增加了柔韧性，使涂膜的耐冲击强度、弯曲性能、延伸率、附着力、耐寒性等物理性能有所提高，但涂膜抗张强度、硬度、耐热等性能则有所下降。

四、水性漆

在汽车修补漆领域使用水性漆也已经有二十几年的历史，目前国内全面、积极推广水性底色漆的汽车厂商也有近20家。由于汽车修补漆中，底色漆所产生的挥发性有机化合物（VOC）排放占到所有汽车修补漆VOC排放的近50%，而且高固体含量的中涂底漆、清漆，其VOC含量已能满足全球所有的限制VOC排放的环保法规，如果以单位面积所产生的VOC来衡量，使用水性底色漆配合高固体含量HS清漆，减少VOC排放可达75.6%。故全球汽车修补漆领域主要推广和广泛使用的是水性底色漆。

水性漆是以去离子水为主要溶剂、VOC含量较低的绿色环保涂料产品。突出的优点是对环境、人类健康的危害比较小，且不易燃，而传统油性溶剂型油漆则以有机溶剂为主，易燃，含有较多的化学性挥发物质。

（一）汽车涂料中VOC的排放对环境的影响

汽车涂料中VOC的排放会对环境造成重要影响。首先，VOC进入大气层后，能与大气中的硫氧化物、氮氧化物、氨等工业废气、汽车尾气排放物通过发生复杂化学反应而产生低于2.5 μm的可吸入肺部的颗粒物（一般称为PM2.5）；其次，VOC是造成酸雨、光化学烟雾等环境问题的主要元凶；另外，在太阳光的照射下，VOC能与空气中的氮氧化物反应生成臭氧（O_3），这些臭氧会存在于地球表面及其上方10 km处的对流层中，一旦超出一定的限量，就会导致人类发生严重的呼吸道疾病，损伤肺部功能。大家平常所熟悉的一些避免破坏臭氧层的环保措施，与此并无矛盾，因为我们要避免破坏的是距离地球表面40 km的臭氧层，它能够过滤太阳光中波长240～320 nm的紫外线，对生物起到保护作用，所以针对汽车涂料，环境保护方面首要的工作就是减少汽车涂料VOC的排放。

（二）使用水性漆可有效和直接地降低VOC的排放

使用水性漆是汽车涂装行业的发展趋势，很多汽车生产厂已经全部使用水性电泳底漆、水性底色漆。由于高固体溶剂型中涂底漆和清漆VOC含量低，能满足VOC排放要求，所以汽车生产厂一般使用高固体溶剂型中涂底漆、高固体溶剂型清漆。水性中涂底漆、水性清漆或粉末清漆也有少数汽车生产厂在使用，国内汽车生产线全部或部分使用水性漆的汽车厂商已近20家，普遍使用水性电泳底漆、水性底色漆和低VOC排放的溶剂型中涂底漆、清漆。

(三)水性漆在施工方面的特点

在施工性能方面,水性漆较溶剂型漆表现更好。水性漆产品自1986年发明以后,大的汽车涂料厂商的水性漆产品已经过不断开发升级,目前已经完全克服了早期阶段水性漆产品干燥速度慢于溶剂型产品的缺点,以正确的工艺及方法使用水性漆,干燥速度能够远快于溶剂型油漆,正常情况下水性底色漆的喷涂时间(清漆之前的喷涂、闪干总时间)为5~10 min,而同样情况下溶剂型色漆层则需要10~20 min才能完成喷涂、闪干。水性漆在施工性能方面还具有以下优点:

1. 减少用量,提高效率

水性底色漆较传统溶剂型底色漆平均能节省大约30%的用量,这样一来就可以减少施工时间,提高生产效率,缩短喷漆维修周期,提高客户满意度。

2. 水性底色漆膜厚性能更好

水性底色漆较溶剂型底色漆薄,流平性更好,表面更光滑。配合以高质量清漆,表面效果更为清澈透亮、光泽更高。

3. 颜色稳定性好

水性底色漆颜色不易受不同的喷涂手法影响,不容易出现修补区域黑圈、发花等缺陷,驳口修补相对于溶剂型色漆更容易操作。

由于喷涂、修补操作更为简单,效率又高,加上水性汽车修补漆在颜色、漆膜牢度和耐久度上也均能达到或超过溶剂型油漆的修补效果,所以水性汽车修补漆开始得到越来越多的应用。

任务实施

涂料的认识和调配(以2K清漆为例)

一、作业准备

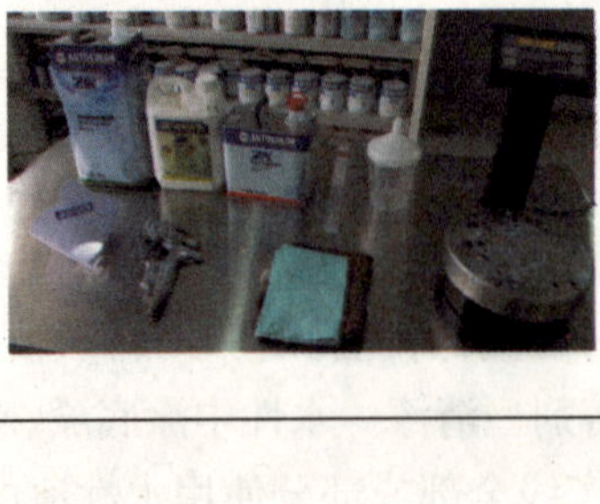	准备工位和材料

二、操作步骤

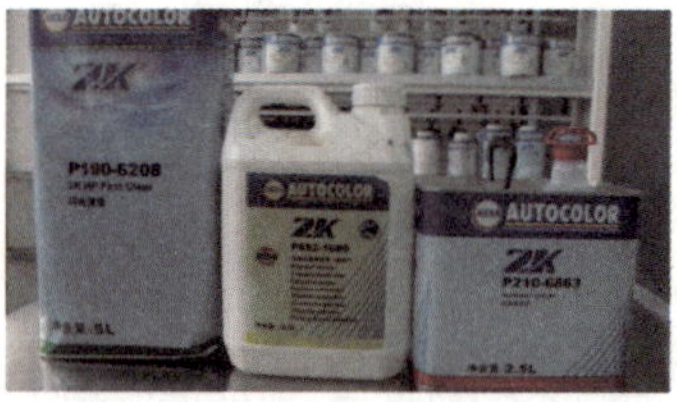	1. 清漆、稀释剂、固化剂的认识
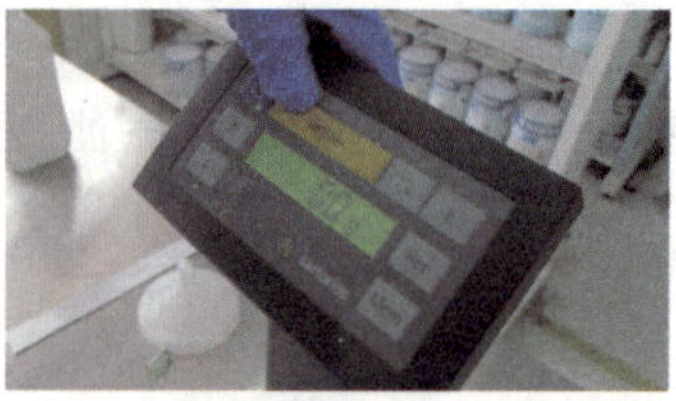	2. 将调漆杯置于电子秤上，打开电源开关、归零
	3. 添加适量清漆
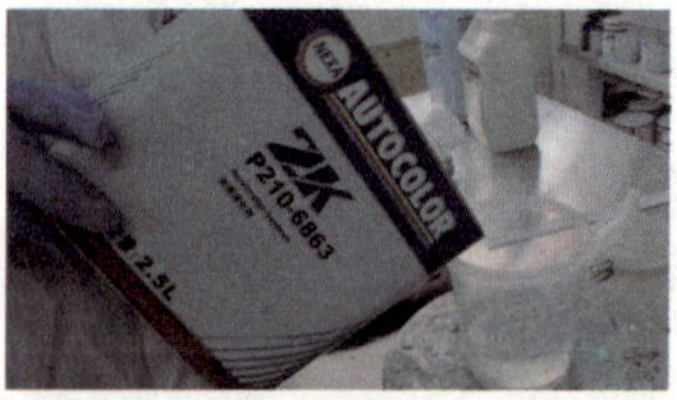	4. 电子秤归零后，添加一定比例的固化剂
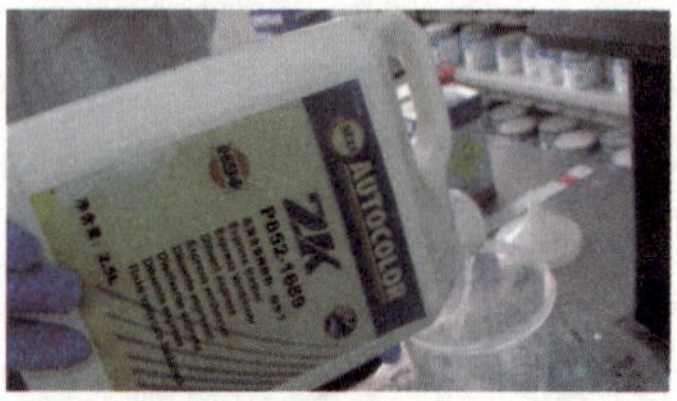	5. 电子称归零后，添加一定比例的稀释剂
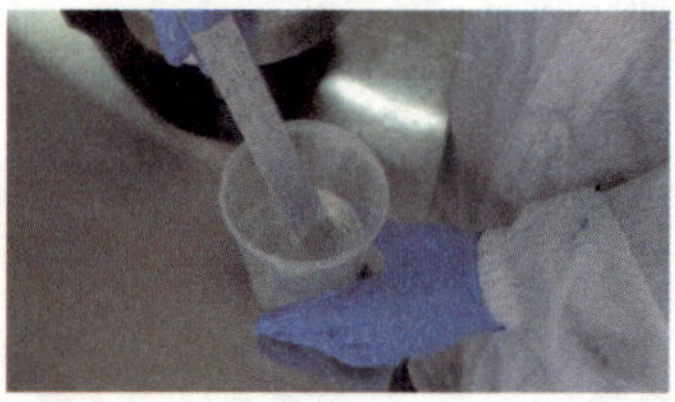	6. 使用调漆尺充分搅拌均匀

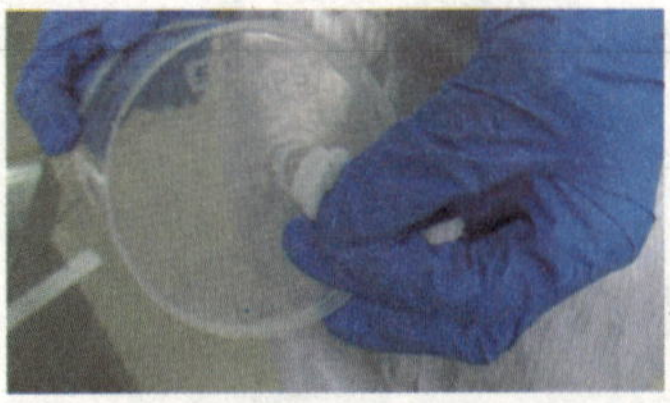	7. 安装好喷壶的通气盖，防止泄漏
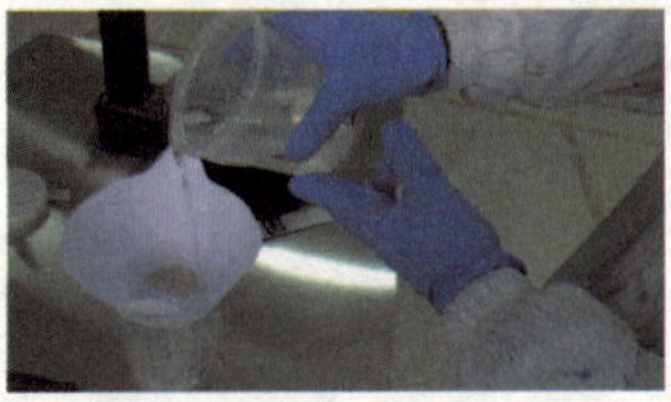	8. 使用一定大小的过滤网杯过滤，去除杂质
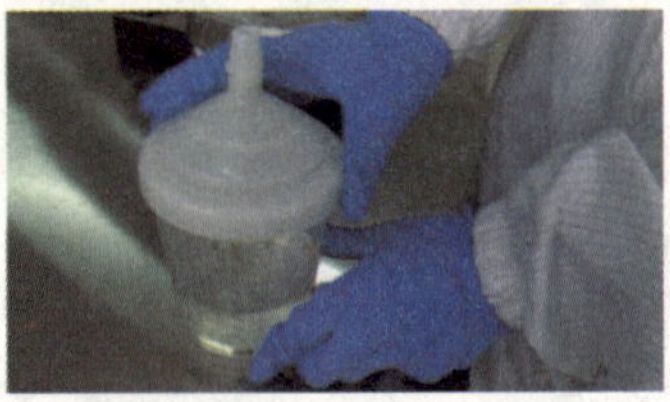	9. 盖紧喷壶盖，防止泄漏
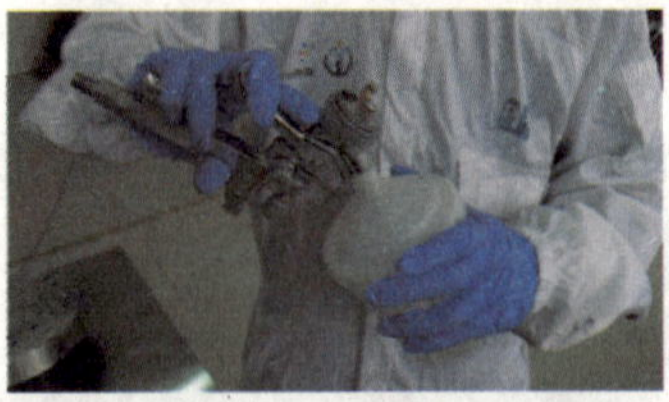 	10. 将喷壶装入喷枪
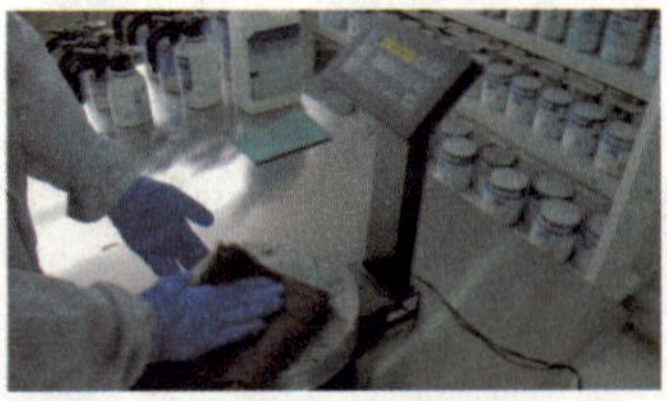	11. 清洁、整理

任务检测

一、选择题

1. 水性漆存储的合适温度是(　　)。

A. 5 ~ 40 ℃　　B. 5 ~ 35 ℃　　C. 0 ~ 40 ℃

2. 单组分中涂底漆和双组分中涂底漆对比,正确的是(　　)。

A. 单组分中涂底漆自然干燥速度快

B. 单组分中涂底漆隔离性好

C. 单组分中涂底漆填充性好

3. 关于固化剂、稀释剂,以下说法不正确的是(　　)。

A. 一般都会分为慢干、标准、快干等多种类型

B. 使用时应根据环境温度选取适合的固化剂、稀释剂

C. 喷涂面积较小时,可以选择相对较慢干的固化剂和稀释剂

4. 在水性漆产品中,目前最广泛使用的是(　　)。

A. 水性中涂底漆　　B. 水性底色漆　　C. 水性清漆

二、判断题

1. 固化剂和树脂发生化学反应而固化成膜的涂料为双工序涂料。(　　)

2. 手上不慎沾染了汽车漆,应用布沾溶剂或稀释剂擦掉,再立即用肥皂水洗干净。(　　)

3. 高温漆和修补漆的使用环境,以及产品本身和施工所能选择的工艺和设备都不同。(　　)

4. 环氧底漆的主要作用是提供附着力。(　　)

任务评价

<table>
<tr><td colspan="3">班级:</td><td colspan="4">姓名:</td></tr>
<tr><td>评价内容</td><td colspan="2">过程性评价</td><td colspan="2">终结性评价</td><td>持续发展性评价</td><td>评价人</td></tr>
<tr><td rowspan="4">知识评价</td><td></td><td></td><td></td><td></td><td></td><td>自评</td></tr>
<tr><td></td><td></td><td></td><td></td><td></td><td>互评</td></tr>
<tr><td></td><td></td><td></td><td></td><td></td><td>教师评价</td></tr>
<tr><td></td><td></td><td></td><td></td><td></td><td>总评</td></tr>
</table>

续表

班级：		姓名：				
评价内容	过程性评价		终结性评价		持续发展性评价	评价人
技能评价						自评
						互评
						教师评价
						总评
情感评价						自评
						教师评价
						企业评价
						总评

任务拓展

汽车涂料管理的法规

一、国外汽车涂料管理法规

2004年，欧盟颁布了针对汽车修补和建筑装饰涂料为主，管理较之前法规更为具体、严格的PPD法规，适应于涂料生产厂家及进口商，要求其将符合法律的产品投入市场，且VOC（Volatile Organic Compounds，挥发性有机化合物）的含量必须打印在产品标签上，以识别产品是否符合规定。PPD法规根据产品的不同分类，设立了不同的VOC排放最高限量，从而对汽车修补漆提出了更高的环保要求，如面漆（底色漆、清漆）的VOC限量为420 g/L，底色漆必须全部转换为水性色漆方能达到PPD的该项标准。该法规于2007年1月1日正式生效，自此欧盟国家开始全面使用水性汽车修补漆。美国加州空气资源委员会（CARB）自2008年7月起在加利福尼亚州开始实施较之前1151法令更为严格CARB法规，和欧盟PPD法规类似，产品的外包装上要有揭示该产品VOC排量的信息；由于美国各州的环境污染情况不同，各州又制定各自的州法规。继美国之后，加拿大（2010年，CARB法规）、韩国（2010年首尔，2012年韩国全国）也颁布了相关汽车涂料管理法规。

二、国内汽车涂料管理法规

中国香港（2011年10月正式生效）也相继实施了限制VOC排放的环保法规，其中中国香港的环保法规更为严格，严格程度甚至赶超欧美。

中国大陆虽然目前还没有制定限制VOC排放的环保法规，但是首个明确规定汽车涂料中重金属、限用溶剂、VOC含量的中国国家标准GB24409—2009《汽车涂料中有害物质限量》已由国家质量监督检验检疫总局及中国国家标准化管理委员会于2009年9月30日发布并已于2010年6月1日开始正式实施，这标志着我国大陆对于汽车高温漆及汽车修补漆的有害物质开始提出了明确限量要求。

GB24409—2009《汽车涂料中有害物质限量》，对溶剂型汽车涂料（GB24409—2009中为A类，分为热塑性、单组分交联型和双组分交联型）、水性（含电泳涂料）、粉末、光固化涂料（GB24409—2009中为B类）中的有害物质，包括重金属、挥发性有机化合物和限用溶剂含量都给出了明确限量，表1-3-1、表1-3-2分别为GB24409—2009《汽车涂料中有害物质限量》中A类涂料、B类涂料中有害物质限量的要求。

表1-3-1 A类涂料中有害物质限量的要求

涂料品种		挥发性有机物（VOC）含量（g/L）	限用溶剂含量（%）	重金属含量（限色漆）（mg/kg）
热塑性	底漆、中涂、底色漆（效应颜料漆、实色漆）、罩光清漆、本色面漆	≤770	苯≤0.3；甲苯、乙苯和二甲苯总量≤40；乙二醇甲醚、乙二醇乙醚、乙二醇甲醚醋酸酯、乙二醇乙醚醋酸酯、二乙二醇丁醚醋酸酯总量≤0.03	Pb≤1000；Cr^{6+}≤1000；Cd≤100；Hg≤1000
单组分交联型	底漆	≤750		
	中涂	≤550		
	底色漆（效应颜料漆、实色漆）	≤750		
	罩光清漆、本色面漆	≤580		
双组分交联型	底漆、中涂	≤670		
	底色漆（效应颜料漆、实色漆）	≤750		
	罩光清漆	≤560		
	本色面漆	≤630		

表1-3-2 B类涂料中有害物质限量的要求

涂料品种	限用溶剂含量（%）	重金属含量（限色漆）（mg/kg）
水性涂料（含电泳涂料）	乙二醇甲醚、乙二醇乙醚、乙二醇甲醚醋酸酯、乙二醇乙醚醋酸酯、二乙二醇丁醚醋酸酯总量≤0.03	Pb≤1000；Cr^{6+}≤1000；Cd≤100；Hg≤1000
粉末、光固化涂料	—	

GB24409—2009《汽车涂料中有害物质限量》中所明确列出的以下限用溶剂，毒性越强，限量就越低：

①苯≤0.3%；

②甲苯、乙苯和二甲苯总量≤40%；

③乙二醇甲醚、乙二醇乙醚、乙二醇甲醚醋酸酯、乙二醇乙醚醋酸酯、二乙二醇丁醚醋酸酯总量≤0.03%。

以苯为例，苯是属于强烈毒性有机溶剂，这是因为苯达到一定剂量即可抑制骨髓造血功能，往往先会使白细胞减少，然后使血小板减少，最后红细胞减少；而且苯对神经系统也有一定损害作用。故一些大的涂料生产厂商都不使用苯作为有机溶剂。

随着我国经济的不断发展，对环境保护的不断重视，加上中国政府的积极引导，例如交通部于2012年推出的交通运输节能减排专项资金，使用水性漆、无尘干磨设备等绿色涂漆技术的维修企业都可以申报并获得采购额20%的补贴；另外一些大的汽车生产厂商及涂料生产厂商也在积极引导，汽车维修行业使用水性漆的用户数量每年都在成倍增长。水性漆的使用，极大地减少了有机溶剂对人类生存环境及从业人员健康带来的危害，将汽车修补涂料带入划时代的水性漆时代。

项目二 前处理工艺

任务一 表面处理

任务目标

目标类型	目标要求
知识目标	(1)能描述表面处理的作用、设备、工具和材料 (2)能描述表面处理的方法和施工流程 (3)能描述表面处理的质量要求
技能目标	(1)能熟练实施清洁除油和遮蔽保护作业 (2)能熟练实施除旧漆层和打磨羽状边作业 (3)能熟练实施底漆处理作业
情感目标	(1)具有作业现场的“5S”习惯 (2)养成个人防护安全、环保观 (3)养成作业质量、效率观

任务描述

一辆轿车的叶子板受到剐蹭后，出现了轻微变形和漆面损伤，不需要钣金作业恢复表面形状，但需要对受损叶子板实施涂装修补作业，恢复涂层状态。涂装修补的第一步应是对受损板件实施表面处理作业，主要包括清洁除油、遮蔽保护、除旧漆层、打磨羽状边和底漆处理，为后面的原子灰施工打下基础。

任务准备

一、汽车涂装的作用、类型和特点

(一)汽车涂装的概念

汽车涂装是指对汽车车身表面、内部和底盘各部位使用涂料涂覆，经过干燥固化形成涂

膜,并由两层或两层以上的涂膜构成涂层,以实现保护、装饰和标示作用为目的的工艺过程。

(二)汽车涂装的作用

1. 保护作用

由于汽车使用环境复杂,往往容易受到雨水、土壤、微生物、紫外线、酸碱物质和气体的侵蚀,也会受到擦刮、碰撞等外部损伤,造成汽车部件材料的腐蚀,降低使用寿命。

2. 装饰作用

汽车的发展越来越关注汽车外观的造型、线条和色彩的艺术性,个性的造型、优美的线条和绚丽多彩的色彩往往更具有美感和更能满足个性化的需要,从而大大提升了汽车的商业价值。

3. 标示作用

不同汽车的使用用途不一样,如救护车、消防车、化学危害物品运输车等特殊用途的汽车,可以在其车身涂装不同的颜色、图案来标示其特殊用途。

(三)汽车涂装分类

一般分为两类,一是生产过程的新车涂装,主要采用高温漆;二是使用中的受损汽车修补涂装,主要采用低温漆。

(四)汽车修补涂装的特点

汽车修补涂装相比新车涂装,在涂装材料、设备和工艺、方法等方面存在明显的区别。汽车修补涂装的主要特点表现在以下方面。

1. 汽车修补涂装的复杂性

由于维修车辆的类型、颜色、损伤部位和程度千差万别,维修中使用的设备、涂料等也不尽相同,导致修补涂装作业的工艺、方法和生产方式的差异,体现了汽车修补涂装的复杂性。

2. 汽车修补涂装质量要求高且难控制

汽车修补涂装主要是为了恢复受损板件的涂层及性能,因此,对修补涂装的质量要求高。同时,受汽车修补涂装的复杂性和手工操作为主的影响,修补涂装的质量较难达成,需要高质量的涂料,先进的设备、工艺和方法,科学的生产管理,更需要高技能水平的维修工,才可以保证汽车修补涂装质量。

3. 汽车修补涂装以手工为主

由于汽车修补涂装十分复杂,质量要求也高,目前大多工序只能采用手工作业,机械自动化操作不能完全替代。

二、汽车修补涂装的作业流程

(一)修补涂装工艺

要进行汽车的修补涂装作业,合理的作业流程十分重要,下面以目前广泛使用的聚氨酯涂装工艺流程进行说明,如图2-1-1所示。

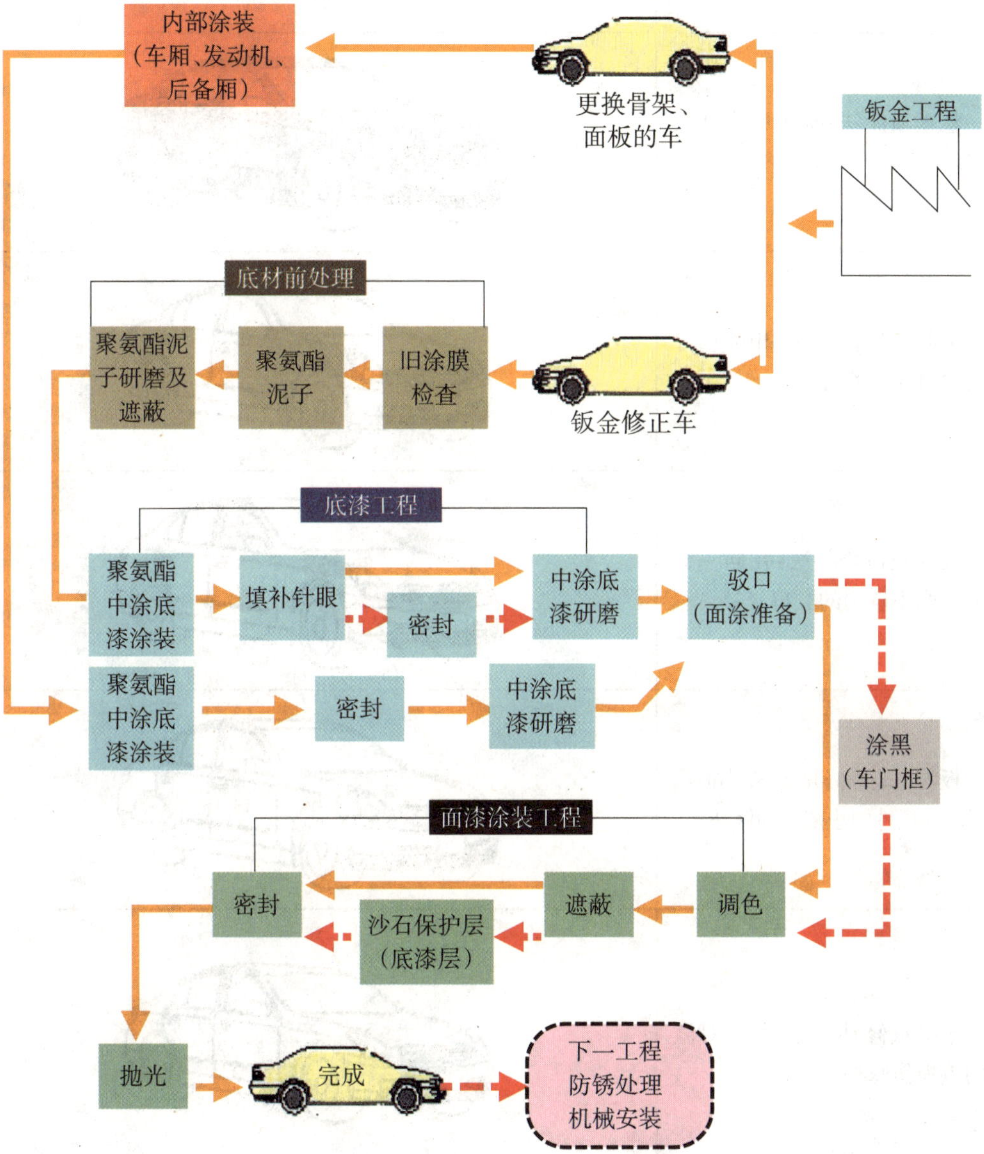

图2-1-1 汽车的修补涂装作业流程

(二)修补涂装方法

在修补前首先要确认好待修板件受损部位的状态和受损程度、旧漆膜的劣化程度、有无凹凸和锈蚀，再来决定使用何种修补方法。

一般按修补面积大小和部位区域可以分成以下几种方法。见表2-1-1。

表2-1-1 汽车漆损伤修补方法

类型	图示
整车喷涂法：整车的全部板件修补。	
板间驳口修补法：相邻板件整块驳口面漆修补。	
板内驳口修补法：在同一板件上采取小范围的驳口修补。	
板内小范围修补法：较小损伤区域采用板件内小范围的修补。	
笔描点修补方法：用笔对微小的点损伤修补。	

注意：如果无法采用修补方法恢复的受损板件，应采取更换新板件，并进行和原车板件相同颜色的涂装处理。

三、表面前处理

（一）表面前处理的作用

表面前处理作业包括洗车、漆膜类型评估、损伤评估、清洁和除油、遮蔽保护、去除旧漆层和打磨羽状边、底漆处理等内容，它为接下来的原子灰施工做准备，对后面的工序造成影响，也会影响修补质量和作业效率。

（1）判断漆膜类型、评估板件损伤，是选择合适的修补方法、涂料类型的依据；

（2）遮蔽保护不需要打磨修补的部位和部件；

（3）打磨形成平滑的羽状边，提高附着力，便于原子灰施工质量提高；

（4）清洁和除油、底漆防腐处理，有利于提高涂层附着力和防腐力。

（二）表面前处理工艺

1. 洗车清洁

车辆在进行修补之前需要将附着在车身上的污垢以及附着在轮胎、下围的污泥等用水冲洗干净。如果把污垢等带到作业工位的话，修补时污垢会飞扬起来附着到喷涂表面，影响修补的品质。以下几种洗车的方法中，根据车辆的状态进行选择。

（1）手洗。

一般用海绵手工洗车的方法。手洗因为水压低，水不会侵入车内，适合限定部位的洗车，并能够细心地清洗到角落。

（2）高压清洗机。

喷头式高压清洗机，是喷射高压温水或冷水将污垢冲落的装置。适合清洗下围、轮胎、轮毂等，可缩短作业时间。因为是高压水，所以不适用于开口部位防水胶条脱落及窗户玻璃破损的部位。

（3）自动洗车机。

比起手洗及高压清洗机，自动洗车机可以缩短作业时间，但不适用于开口部位防水胶条及窗户玻璃破损的部位。

注意：洗车后用仿鹿皮巾将水擦拭干净，并将缝隙里水吹干。

2. 旧漆膜的判定

洗车清洁后，修补打磨作业前，应确认旧漆膜的状况，这是修补方法、涂料类型选择的重要依据。如果修补涂装的涂料与原涂层涂料不匹配，会造成咬底、脱落、色差等质量问题，出现返工而增加工作量。比如旧漆膜之前用单组分的硝基漆涂装的情况下，重新修补采用泥子有可能会出现收缩现象；如果在膜过厚的漆膜上再次修补喷涂，容易出现裂痕现象。旧漆膜状态的判定方法如下：

（1）溶剂法。常用来鉴定漆膜类型，检查原漆膜是热固型还是热塑型漆膜。用蘸有稀释剂的棉纱擦拭修补部位查看是否掉色，检查旧漆膜的溶解情况。如存在溶解而掉色，一般为热塑型漆膜，能溶于稀释剂，说明原涂层采用的是溶剂挥发性涂料，如硝基纤维漆等；如不存在溶解而掉色，一般为热固型漆膜，不能溶于稀释剂，说明原涂层可能采用的是双组分或烘烤型涂料，如丙烯酸聚氨酯漆等。见表2-1-2。

表2-1-2 原涂层类型及溶解性

原涂层类型	溶解性	稀释剂对原涂层的影响
硝基纤维漆，NC、CBA丙烯酸清漆	能溶于稀释剂	会溶解原涂层，造成咬底、脱落、起皱、色差等
丙烯酸聚氨酯，烘烤漆膜（三聚氰胺）	不溶于稀释剂	不会溶解原涂层

（2）擦拭法。用来检查原涂层是单工序或双工序。使用砂纸擦拭原漆面，如砂纸沾有颜色，则说明原涂层是单工序漆；如砂纸没有沾有颜色，只有透明颗粒，则说明原涂层是双工序漆。

3. 损伤的评估

准确地评估受损板件的位置、大小、程度，是修补方法、修补工序选择，以及作业准备和成本核算等的依据。常用的评估损伤方法如下：

（1）触摸法。用手在板件受损区域的不同方向触摸，靠手感判断受损板件的区域和程度。

（2）目测法。把受损板件置于光线下，在不同角度用眼睛观察受损的区域和程度。

（3）测量法。一般使用直尺测量车身及板件表面的间隙，用来判断受损板件的位置、大小、程度。

4. 清洁除油和打磨前的遮蔽保护

（1）清洁除油。由于待修补的板件表面有污染物，如蜡、釉和油污等，在打磨时会沾在砂纸内，往往会在喷涂时造成附着力不良、“鱼眼”等现象，因此，在修补涂装各个环节中要做好清洁除油作业。

①除油剂。它是由多种有机溶剂组成的混合物，能溶解车身表面上的美容蜡、硅化物、油脂等污染物。一般的油漆厂家都有配套使用的除油剂产品，应参照厂家要求和产品说明选用除油剂。

注意：一般的稀释剂、香蕉水（又称天那水）对污染物的溶解力不够，清洁除油效果不能保证。香蕉水中含有大量的苯、二甲苯等有毒成分，对人体危害大，杂质多，对车漆膜破坏力强，所以不适合用于清洁除油。

②清洁除油的材料、工具。常采用除油剂、除油布和喷壶。

③清洁除油的方法。一般采用干湿除油法。首先将除油剂均匀喷洒在板件表面至完全湿润，然后用喷有除油剂的湿除油布充分擦拭表面，最后在除油剂未干时用干除油布擦干、擦净表面。

注意：对于新塑料保险杠的清洁除油，一般采用能清除塑料表面脱模剂的除油剂。按照厂家具体的使用说明，将除油剂与自来水混合，结合菜瓜布打磨掉脱模剂，最后用水清洗干净。

（2）打磨前的遮蔽保护。如果待修补的板件未从车上拆下，在实施打磨前，应对相邻的板件、部件（车灯、车窗、装饰件等）采用遮蔽胶带进行分隔和保护，防止打磨时被损伤，带来不必要的损失。

5. 去除旧漆层和打磨羽状边

待修补板件受损区域的涂层已经破坏，为了保证原子灰与基材的良好附着力，保证原子灰打磨的平整性，必须在原子灰施工前将受损旧漆层去除至裸金属，并将边缘打磨成羽状边。

（1）去除旧漆层。将板件受损区域的涂层完全去除至裸金属，去除已经生锈的金属部分，形成圆整的形状，为羽状边打磨打下基础。

①砂纸番号的选择。一般采用P60～P80砂纸。

②砂轮机、单动作干磨机打磨去除旧漆层。将损伤部位及劣化部位的漆膜打磨掉，打磨至新裸金属露出来，除锈彻底，形成圆整的边缘形状，如图2-1-2所示。

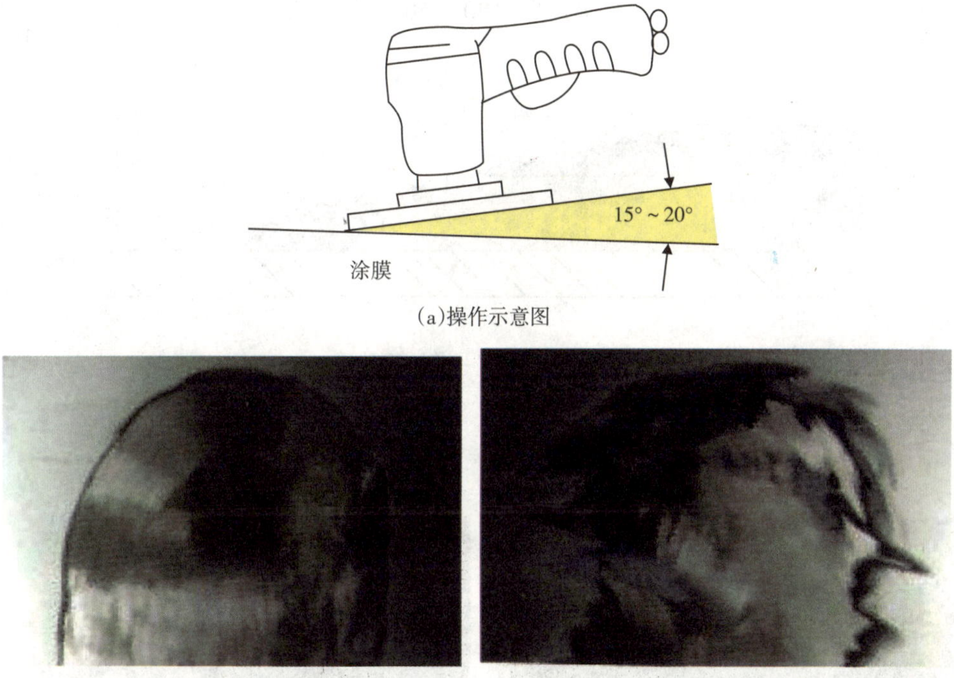

（a）操作示意图

（b）效果正确　　（c）效果错误

图2-1-2　去除旧漆层

（2）打磨羽状边。为避免旧漆膜和修补部位出现层差（分层），使用双动作干磨机配合P120砂纸打磨光滑的（补土前）羽状边。具体打磨时要注意：做羽状边时，要从旧漆膜向损伤区域打磨；羽状边的宽度要尽量做大；使打磨机正好贴合对着打磨面来打磨。还有，不要太用力把打磨机向打磨面上压；要尽量不去损伤周边漆面。如图2-1-3、图2-1-4、图2-1-5所示。

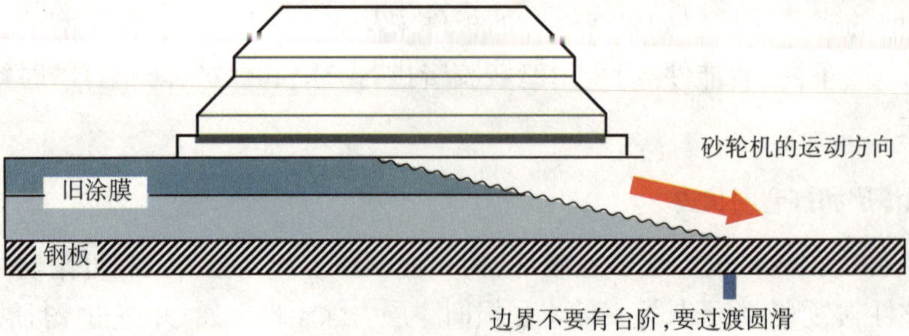

图 2-1-3　双动作干磨机打磨

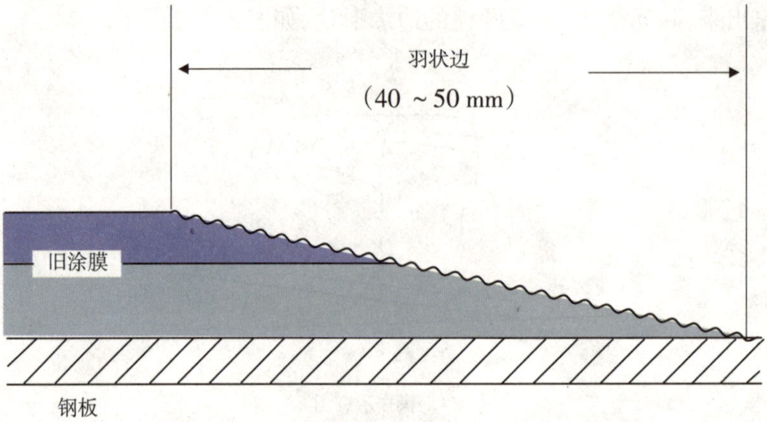

图 2-1-4　过渡平滑的羽状边

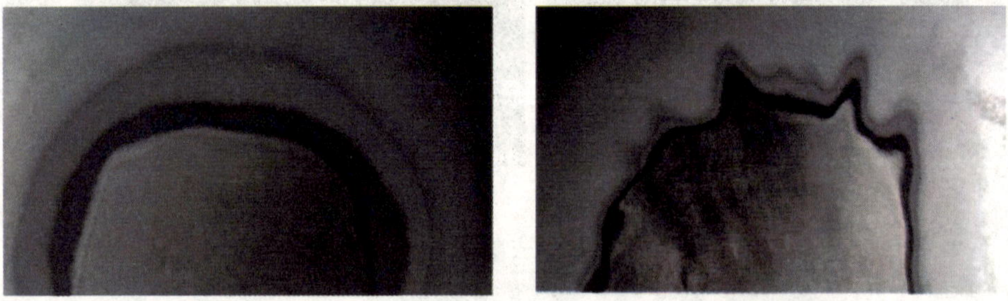

(a)良好的羽状边　　(b)差的羽状边

图 2-1-5　羽状边的宽度

(3)清洁除油。先用吹枪或抹布进行除尘，然后进行除油，使原子灰作业区域清洁。

6. **施涂底漆**

羽状边打磨完成以后要及时实施底漆处理。底漆可以将金属同空气隔离开来，起到防锈的作用。同时，底漆涂层的化学成分也起到了支撑的作用，形成底材、底漆、原子灰间的良好附着力。

(1)防锈底漆的类型及特点。

常用的防锈底漆有环氧底漆、磷化底漆(侵蚀底漆)两种，它们具有不同的特点。

①环氧底漆。它是以环氧树脂为主要成膜物质的底漆，具有很强的防锈力和附着力，漆膜坚韧耐久，对许多基材具有良好的附着力，适用范围广，可在环氧底漆上面直接刮涂原子灰。

②磷化底漆(侵蚀底漆)。由于磷化底漆本身呈弱酸性，一方面，它能与金属产生化学反应形成磷化膜，磷化膜是一层多孔的、不导电的膜状结构，具有防锈、增加附着力的作用；另一方面，它会与原子灰发生不良反应。所以，原子灰不能直接刮涂在磷化底漆上面，而必须在磷化底漆上施涂中涂底漆才可以刮涂原子灰。

(2)防锈底漆的选用。

一般多选用环氧底漆作为防锈底漆。为了保证涂层的防锈力和附着力，必须依据防锈底漆和原子灰的配套性原则，按产品厂家使用说明选用。

注意：不饱和聚酯原子灰对多种金属底材具有良好的附着力，本身也具有一定的防锈功能。因此，使用这类原子灰时可以不施涂环氧底漆。

(3)环氧底漆的施涂。

①清洁除油。

②擦涂或喷涂环氧底漆。一般厚度为15 ~ 20 μm。

③烘烤干燥。一般可采用短波红外线烤灯烘烤，干燥后就可刮涂原子灰。

任务实施

一、作业准备

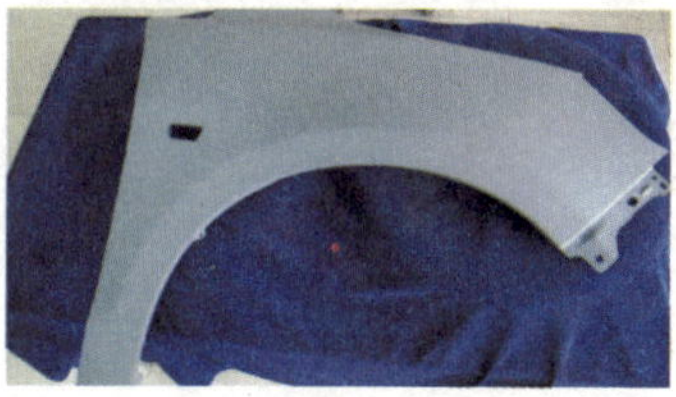	1. 整理工位

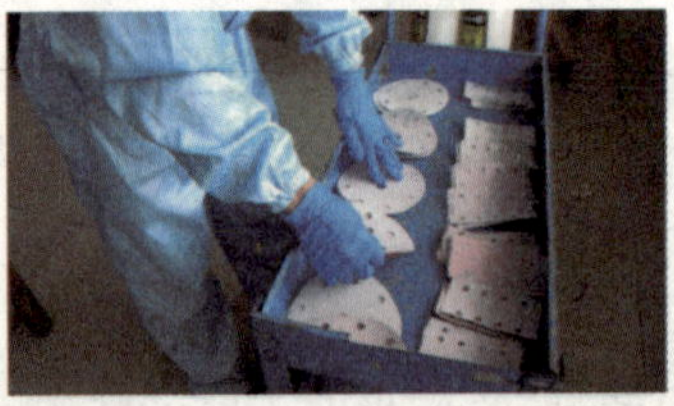	2. 检查干磨机、磨头、手刨；准备砂纸、精磨砂棉、灰色菜瓜布、碳粉、除油剂、除油布、环氧底漆、磷化底漆等材料
	3. 防护用品准备与检查

二、操作步骤

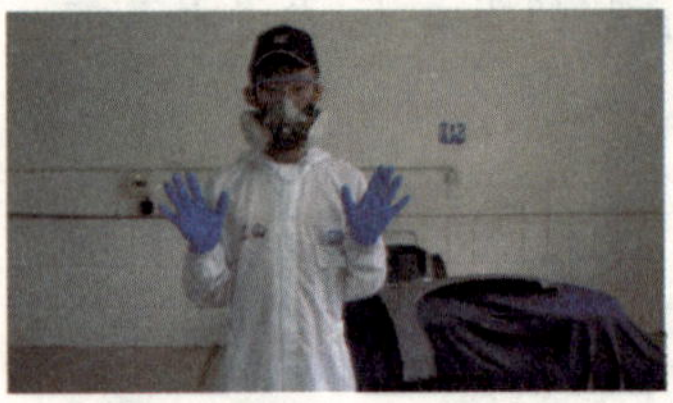	1. 板件的清洁除油 (1)穿戴除油防护用品。
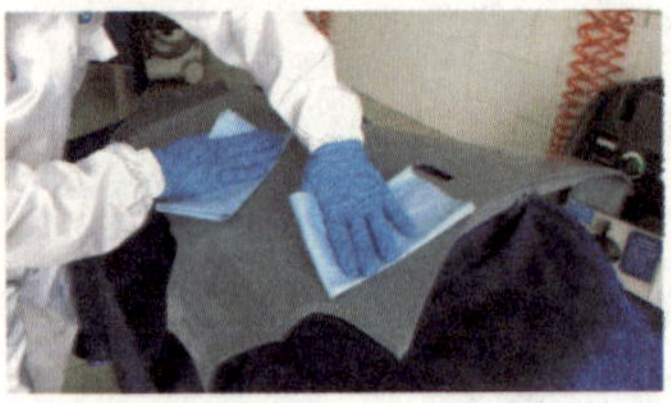	(2)清洁除油。
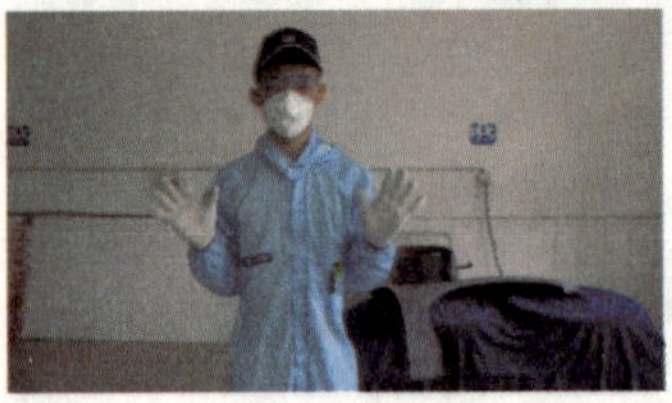	2. 穿戴打磨防护用品

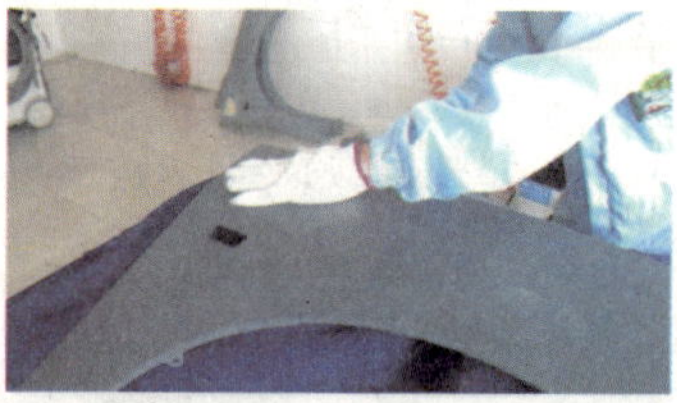 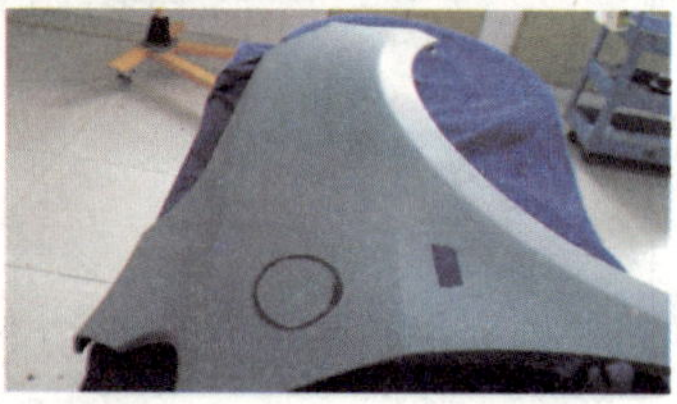	3. 损伤检查
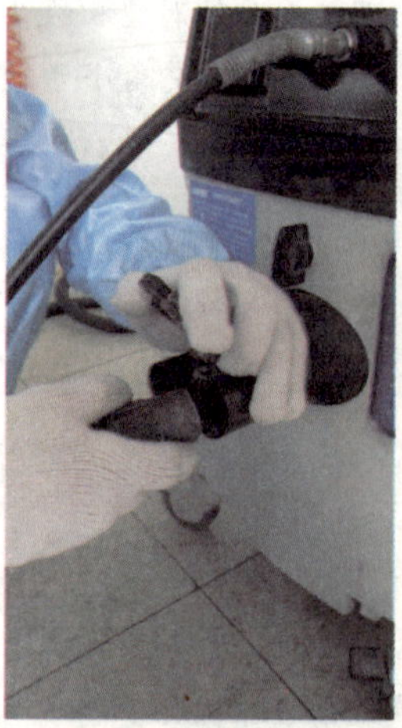 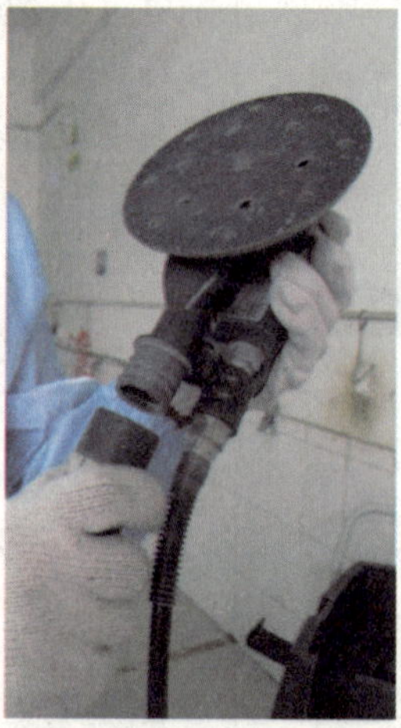	4. 去除旧漆层 (1)安装干磨机、磨头管路。
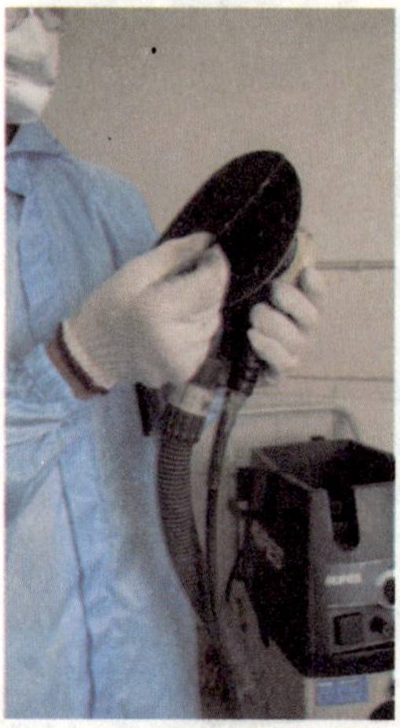 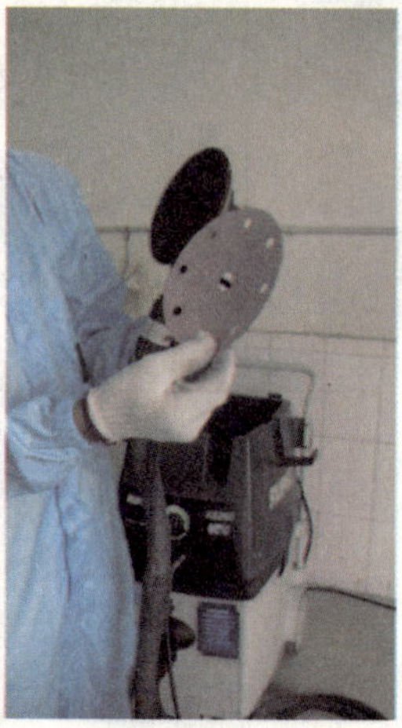	(2)安装磨头保护垫、P60～P80砂纸 提示：保护垫、砂纸与磨头的空眼对齐，黏附牢靠。

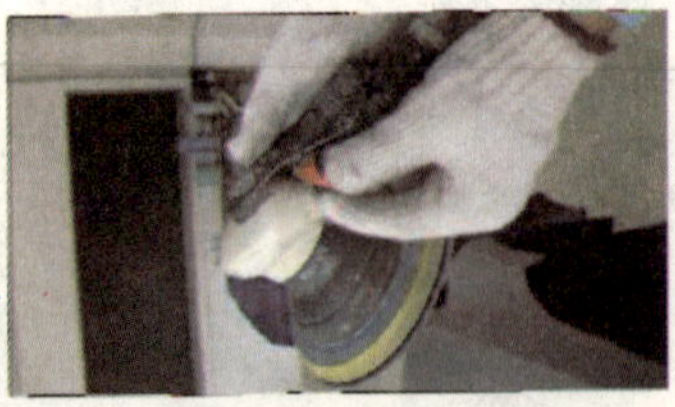	(3)检查调整磨头转速。
 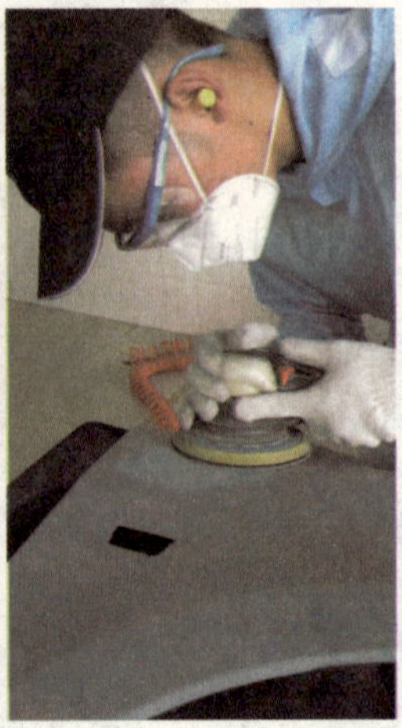	(4)打开相应的吸尘功能键,打磨受损区域旧漆层。 提示:①使用干磨机前务必打开相应的吸尘功能键,不使用时及时退出吸尘功能键。②磨头与打磨面的夹角小于15°。③打磨时由外向内。
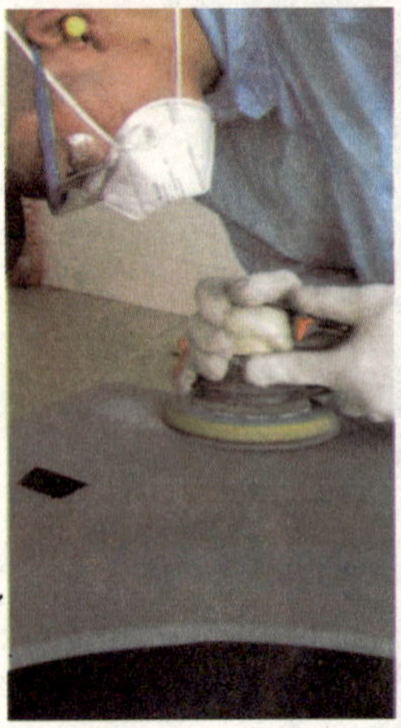 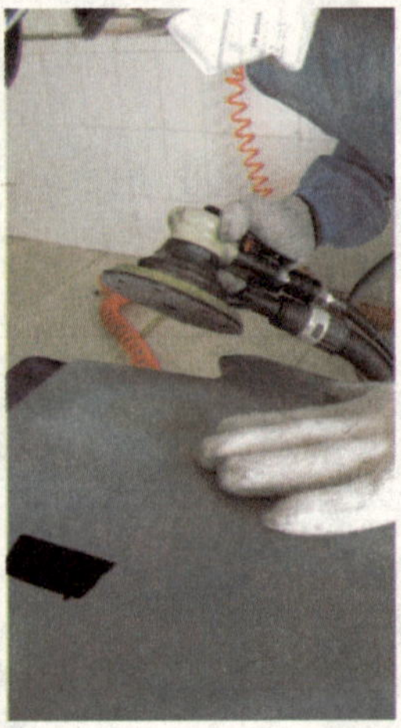	(5)打磨受损区域旧漆层至露出金属,检查打磨区域和边缘状况。 提示:①旧漆层去除区域不能过大或过小,过大造成原子灰修补面积增大,过小影响羽状边的打磨质量。②打磨尽量圆整。

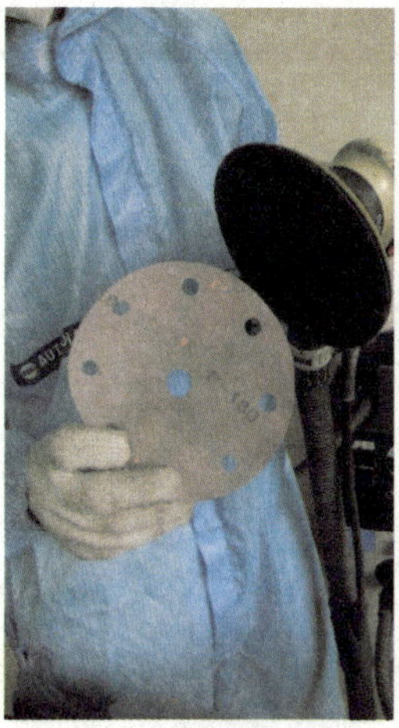 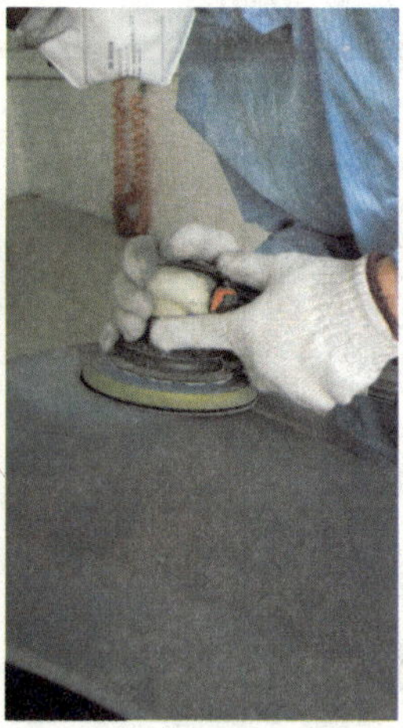	5.打磨羽状边 (1)更换使用P120砂纸打磨羽状边。
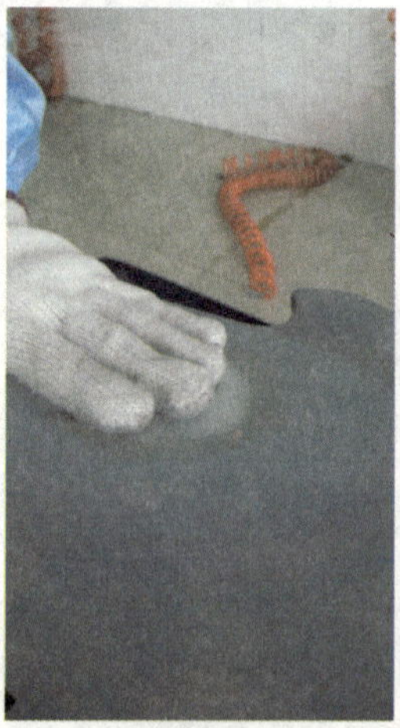 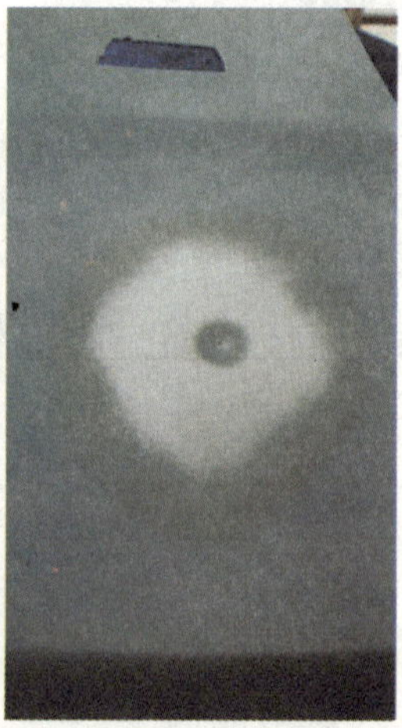	(2)羽状边检查。要求羽状边形状圆整,过渡平滑无台阶,宽度4～5 cm。
 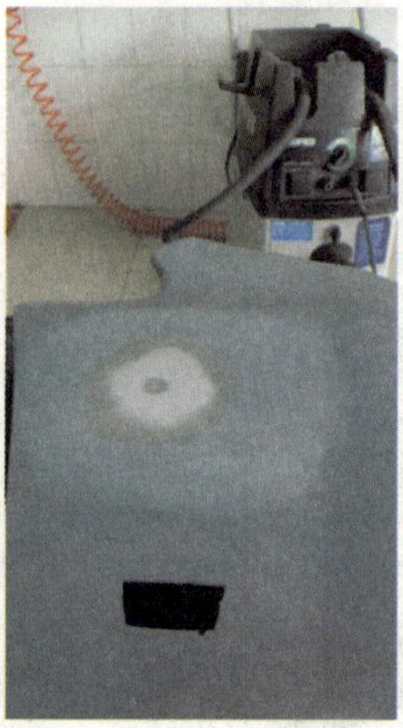	(3)更换使用P240砂纸打磨原子灰刮涂区域。

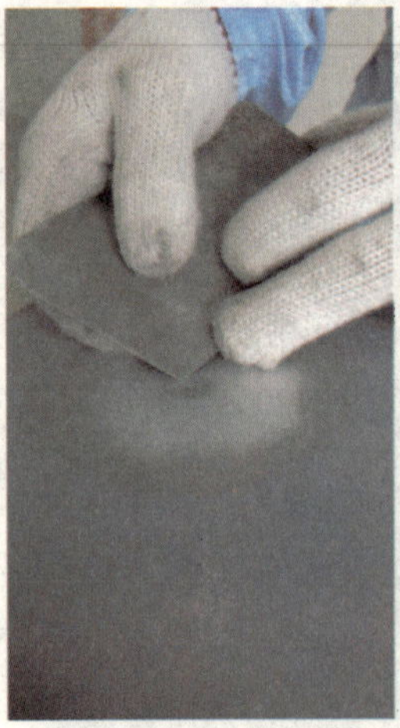 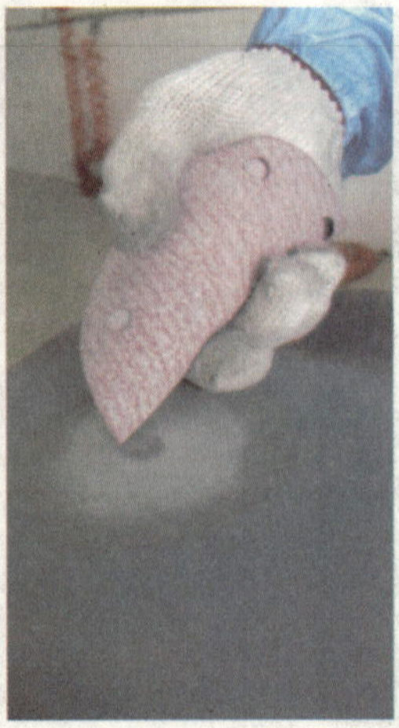	（4）彻底清除中部凹陷处锈蚀、漆膜杂物等，可以使用刮刀、砂纸去除。
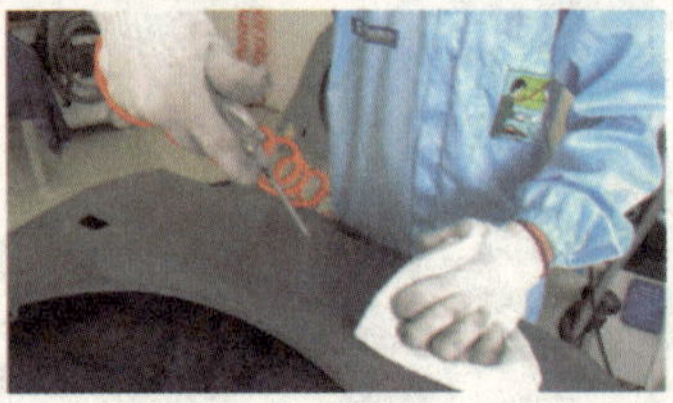	（5）彻底吹除打磨形成的灰尘。
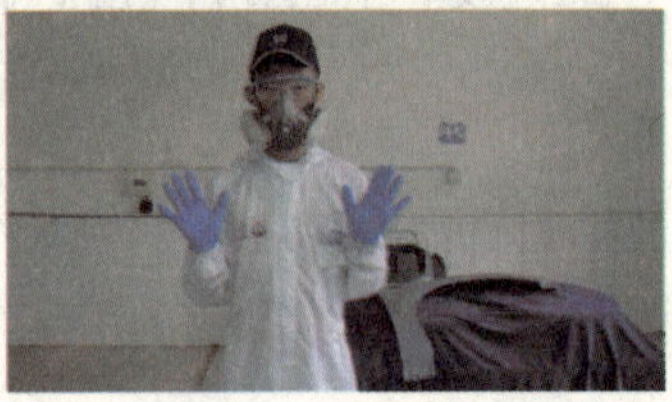	（6）打磨区域的清洁除油。 ①穿戴除油防护用品。
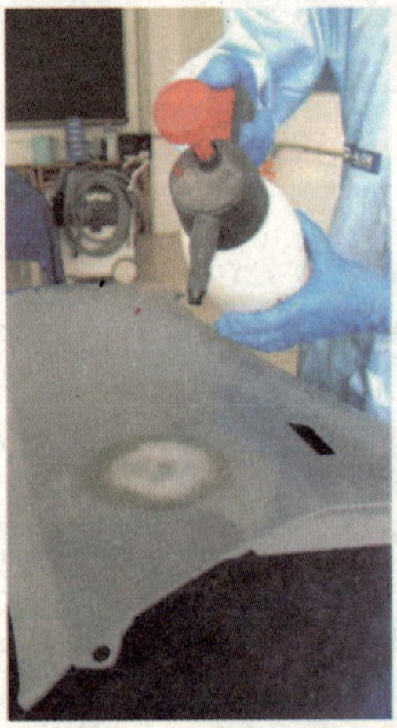 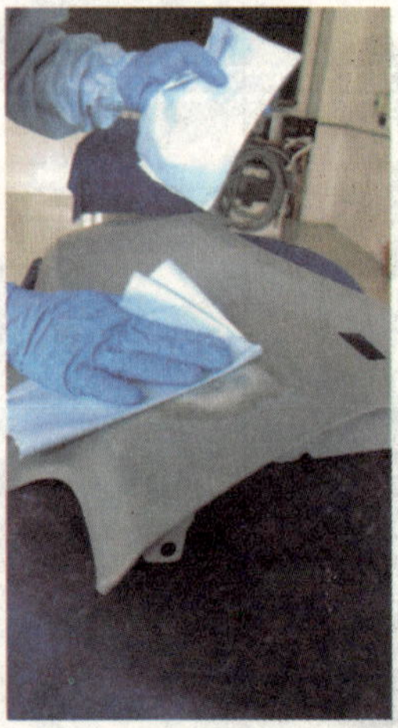	②清洁除油。

 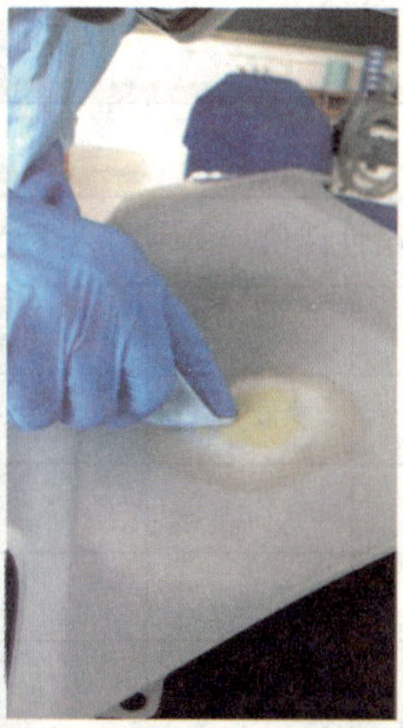	6. 环氧底漆处理 （1）在金属裸露的区域涂抹环氧底漆。
 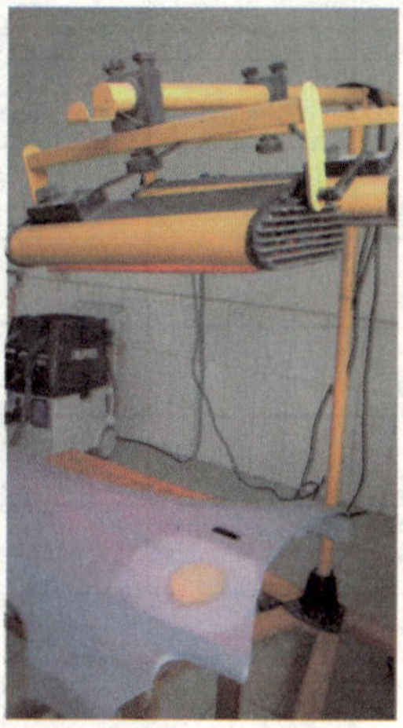	（2）红外线烤灯烘烤 3 ~ 5 min。

任务检测

一、选择题

1. 打磨羽状边时必须穿戴（　　）。
   A. 防护眼镜　　B. 防尘口罩　　C. 防静电工作服　　D. 防毒面具
2. 打磨羽状边时应该选用的砂纸为（　　）。
   A. P60　　B. P120　　C. P180　　D. P240

二、判断题

1. 环氧底漆的主要作用是提供附着力。（　　）
2. 环氧底漆施涂后需要打磨后才能刮涂原子灰。（　　）

任务评价

班级：		姓名：				
评价内容	过程性评价		终结性评价		持续发展性评价	评价人
知识评价						自评
						互评
						教师评价
						总评
技能评价						自评
						互评
						教师评价
						总评
情感评价						自评
						教师评价
						企业评价
						总评

任务拓展

更换板件的前处理

汽车车身的配件往往经过了电泳处理，如果直接对其进行喷漆，涂料附着困难。所以，更换板件需要进行前处理作业。

一、更换板件表面的研磨

使用双动作打磨机，在中间加装软垫，结合使用P400～P600的干磨砂纸进行干磨至无光泽。

二、更换板件边角的研磨

干磨机对于更换板件凹陷处和边缘的打磨比较困难，一般用红色菜瓜布或P320～P400的干磨砂纸来进行手工打磨。

三、清洁除油

用吹尘枪把粉尘吹走，再用除油剂清洁除油。

任务二 泥子施工

任务目标

目标类型	目标要求
知识目标	(1)能描述泥子施工的作用、工具 (2)能描述泥子的种类、特点 (3)能描述泥子施工的工艺流程 (4)能描述泥子施工的质量要求
技能目标	(1)能熟练调配泥子 (2)能熟练刮涂泥子 (3)能熟练打磨泥子
情感目标	(1)具有作业现场的“5S”习惯 (2)养成个人防护安全、环保观 (3)养成作业质量、效率观

任务描述

受损叶子板板件已经完成表面处理，已打磨羽状边和涂抹环氧底漆，接下来要对其实施泥子施工。

任务准备

一、泥子施工概述

1. 泥子施工的作用

泥子是一种膏状或厚浆状的涂料，由树脂、颜料、溶剂和助剂等组成。由于泥子具有良好的填充作用，可用来填补底材上的凹坑、孔眼、刮痕、焊疤，达到恢复受损部位的表面形状、轮廓的目的，因此泥子施工是修补涂装作业的重要环节，良好的泥子施工效果是提升修补涂装质量和性能要求的首要保障。

2. 泥子的分类及特点

泥子又称为补土，分为硝基泥子和不饱和聚酯泥子。

(1)硝基泥子。俗称填眼灰，属于单组分，一般用于中涂底漆后的小砂眼、砂纸痕的填充。由于其易于吸收面漆的溶剂而产生收缩，所以不能大面积使用。

(2)不饱和聚酯泥子。通常称为原子灰，包括钣金原子灰、普通原子灰、纤维原子灰、柔性原子灰等类型。原子灰属于双组分，需添加固化剂配合使用，具有干燥速度较快、刮涂性好、附着力强、原子灰层牢固、不易开裂、硬度高、打磨性好、固化后收缩性好等特点，目前广泛使用在汽车修补涂装领域，本书后文重点对此进行介绍。

注意：(1)纤维原子灰。这是采用玻璃纤维代替滑石粉作为原子灰的填充剂，提高了原子灰的韧性、强度和防水性能，常用于玻璃钢小孔、缝隙的填充修补。(2)柔性原子灰。它是一种柔韧而细腻的双组分不饱和聚酯原子灰，常用于塑料件表面，与柔性或硬质的塑料都有良好的附着力。

3. 泥子的性能要求

由于汽车涂装具有高级装饰性和保护性的要求，因此，使用的泥子应具有以下性能才能满足修补涂装。

(1)具有良好的配套性。与底漆、中涂底漆、面漆配套，不发生咬底、起皱、开裂、脱落等现象，具有较强的层间粘合力。

(2)具有良好的刮涂性。垂直面刮涂无流淌现象，附着力好，具有一定的韧性，刮涂时泥子不反转，薄刮时泥子层光滑。

(3)具有良好的打磨性。泥子干燥后软硬适中，易打磨，不粘砂，应能适合干磨，打磨后泥子层边缘过渡平整光滑且无接口痕迹。

(4)具有良好的干燥性，能在规定时间内干燥。

(5)具有良好的韧性、硬度，避免震动引起泥子层开裂，防止轻微碰挂引起的凹陷和划痕。

(6)具有良好的耐溶剂性和耐潮湿性，防止出现涂层起泡现象。

4. 泥子施工对底材处理的要求

刮涂泥子前，底材处理要达到一定的标准。

(1)钣金修复质量要满足泥子施工要求。底材表面平整度的变形量不可超过泥子的最大刮涂厚度，底材不应有裂口、焊缝，一般钣金修复后的平整度不超过2 mm。否则，过厚的泥子层会降低涂层性能，容易在受力或变形时出现泥子的裂纹、脱落；裂口、缝隙会吸进潮气，泥子中的体质颜料会吸收潮气而导致锈蚀产生，最后会破坏泥子与金属底材的结合。

由于不同的泥子其组成成分的不同，其可刮厚度也不同，见表2-2-1。过厚刮涂或使用大面积刮涂，将导致出现下陷、泥子印、失光等缺陷。

表2-2-1 泥子的刮涂厚度范围

序号	泥子类型	刮涂厚度
1	普通原子灰	1 ~ 3 mm
2	钣金原子灰	5 mm
3	硝基泥子	0.5 mm

(2)修补区域表面处理质量要符合泥子施工要求。修补区域表面处理时要除油清洁,受损旧漆膜的去除要彻底且要施涂环氧底漆,打磨形成的羽状边要平滑等,保证涂层间的附着力和防腐力,提高原子灰施工质量。

二、原子灰施工工序

泥子施工包括泥子的调配、刮涂、干燥、打磨等一系列连续的作业。下面以修补板件的原子灰施工来说明其工序。

(一)原子灰的调配和刮涂

1. 原子灰的调配

(1)材料。材料包括原子灰与其配套的固化剂。应依据厂家产品说明和温度选用原子灰与固化剂。如图2-2-1所示。

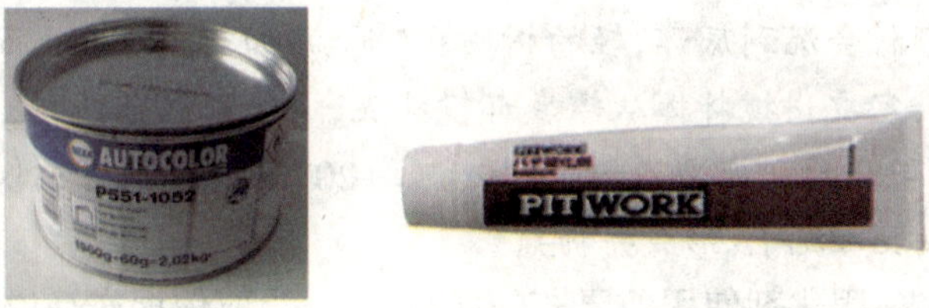

图2-2-1 原子灰与固化剂

(2)工具。工具主要有泥子搅拌棒(尺)、搅拌盘(板)、刮板(刮刀)。如图2-2-2所示。

①搅拌棒(尺)。用于搅拌、取出泥子,以便均匀混合,上面带有刻度,有的在柄的后侧带有便利的钩子,材质多为不锈钢。实际操作中多使用调漆尺替用。

②搅拌盘(板)。也叫灰板,原子灰与固化剂的搅拌、混合在其板面上进行。

③刮板(刮刀)。用于原子灰与固化剂的搅拌、混合、刮涂。刮刀有钢制、木制、塑料或橡胶几种类型,刮刀根据施工的区域和修理的部位来选择,木制和塑料刮刀适用于一般的区域,橡胶刮刀较柔软,适用于弯曲的区域。

图2-2-2 原子灰的调配工具

(3)原子灰的调配方法。

①取灰。首先打开封闭的原子灰罐，由外向里、由底向上充分搅拌。如图2-2-3所示。其次，按修补面积大小及刮涂需要取出适量的原子灰置于灰板上。最后，及时盖上原子灰罐。

图2-2-3 搅拌原子灰

注意：因为重的颜料会沉到底部，轻的树脂、溶剂、添加剂会浮在上面。所以，泥子成分是分离的，在使用前一定要用搅拌棒从罐底部搅拌混合，保证混合均匀；为了防止溶剂的蒸发、灰尘的进入，泥子使用后一定要盖好，在温室(约20 ℃)环境保管；搅拌时不要在罐的边上沾上泥子(以免硬块混入泥子，形成异物)。

②取固化剂。首先，固化剂使用前要充分揉开。其次，要依据产品说明和气温(温度、湿度)选择固化剂的用量，一般为原子灰质量的1%～3%。最后，由于固化剂对空气中的水分非常敏感，所以使用后一定要盖好，在低温、阴凉处保管。如图2-2-4、图2-2-5所示。

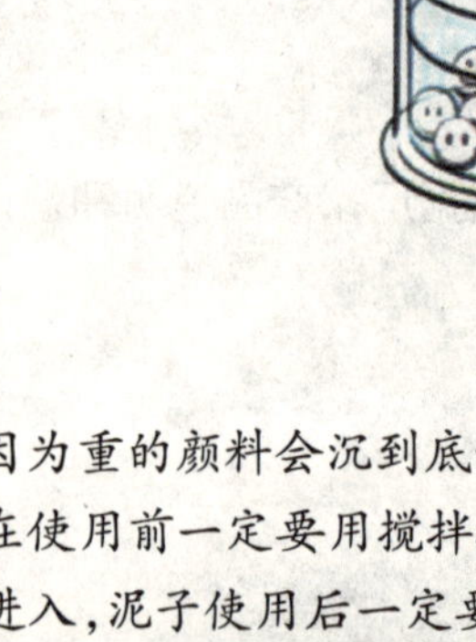

图2-2-4 揉开固化剂

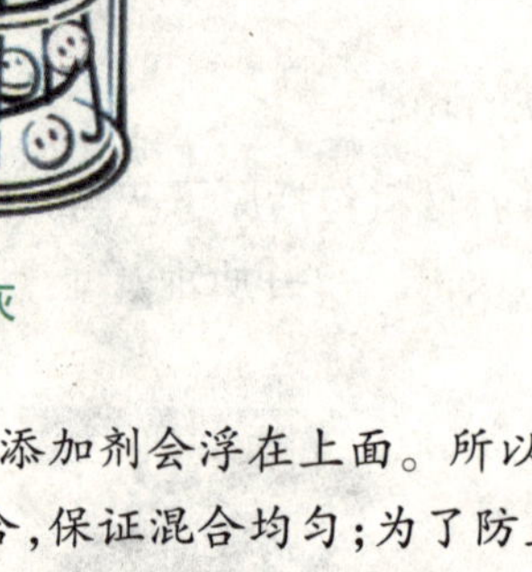

图2-2-5 取固化剂

③搅拌，见表2-2-2。

表2-2-2 原子灰搅拌方法

步骤	图示	方法
1	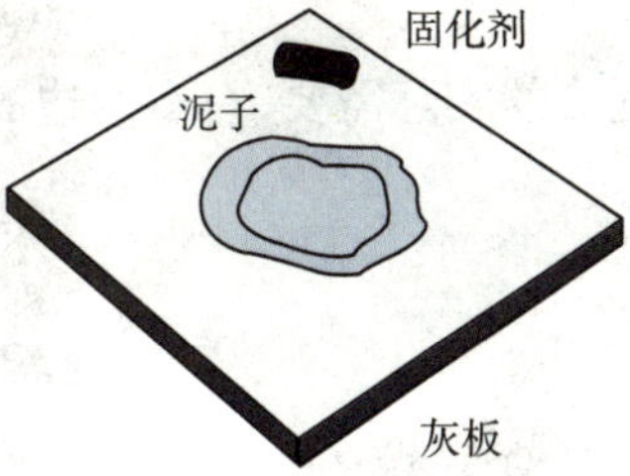	取出适量配比的原子灰和固化剂，置于灰板
2	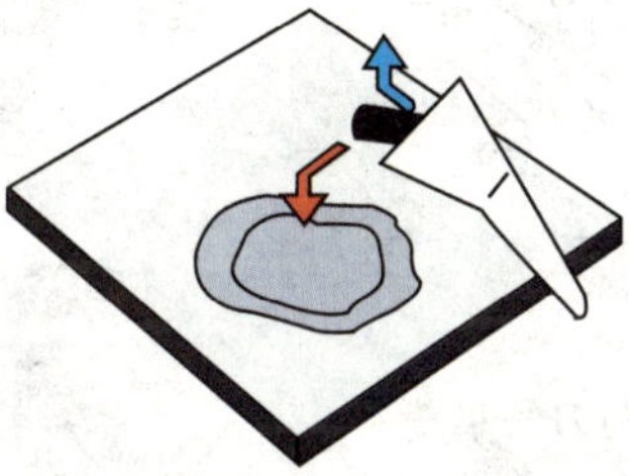	用刮刀刮起固化剂，置于原子灰中间
3	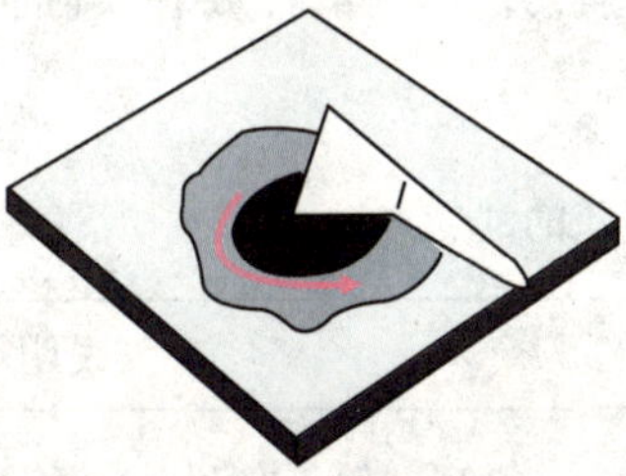	用刮刀头部由中间向外圆弧状混合
4	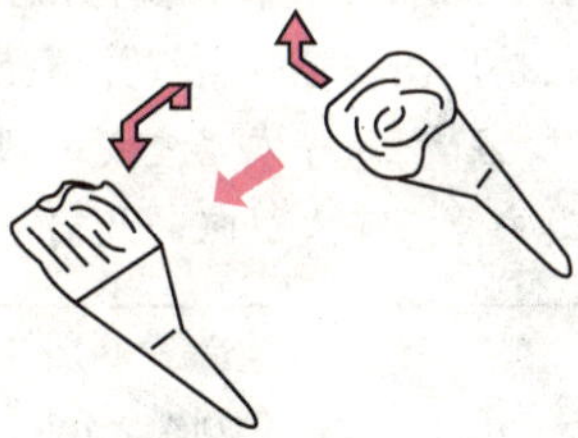	用刮刀使原子灰翻转、挤压
5		用刮刀使原子灰在灰板上薄薄地摊开，并检查混合的均匀性

注意:(1)原子灰搅拌均匀十分重要,未充分混合的原子灰会导致固化不均,附着力差,容易起泡、脱落。在搅拌过程可通过查看颜色的均匀性来判断。(2)原子灰搅拌过程中一定要把杂质和已经硬化的原子灰清除,否则会给刮涂带来影响。(3)固化剂一旦接触原子灰就会起固化反应,因此要求搅拌、刮涂要迅速。

2. 原子灰的刮涂

(1)刮刀的拿法。如图2-2-6所示,根据刮涂的实际需要,左右两边的用力可以调整,刮刀与刮面的角度也可以调整。

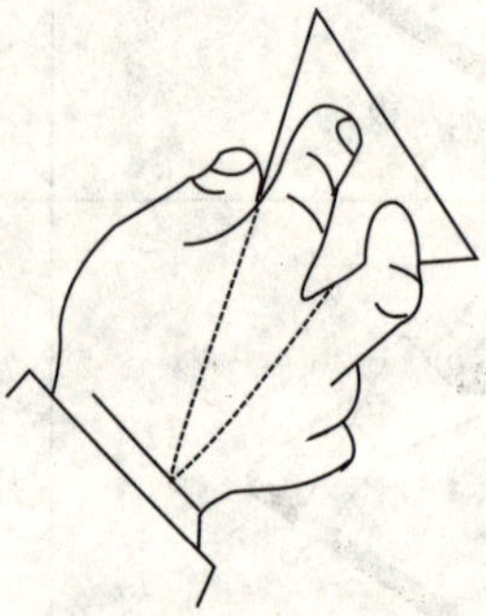

图2-2-6 刮刀的拿法

(2)原子灰的刮涂方法。刮涂的操作性极强,方法各异,需要在实际工作中总结经验,才能保证刮涂质量。一般的刮涂方式见表2-2-3。

表2-2-3 原子灰的刮涂方法

步骤	图示	方法说明
1	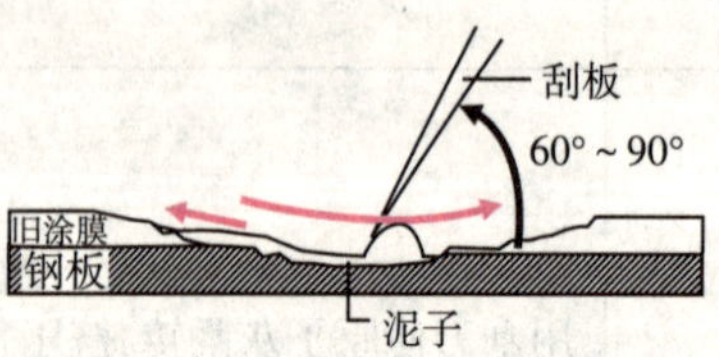	薄刮。第1次刮时将刮刀竖立60° ~ 90°,稍用力压刮,在金属裸露区域刮涂成薄薄的原子灰层,挤压出空隙的空气并填充。 注意:原子灰层空气的残留,是形成原子灰脱落,产生原子灰针眼的原因。
2	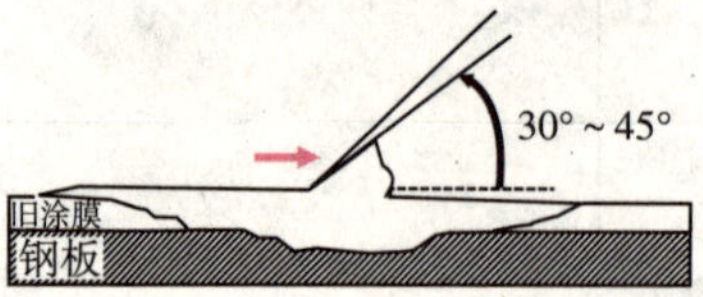	填平。将刮刀竖立30° ~ 45°,填补凹陷,稍高于原涂层基准高度。依据修补区域大小和凹陷程度分2 ~ 3次完成。
3	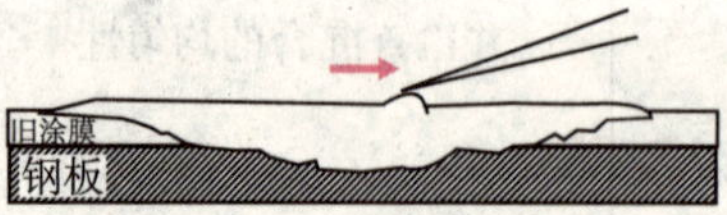	精加工。将刮刀放平,竖立30°以下,先轻刮表面,后刮四周边缘,直至原子灰成形。

原子灰的刮涂质量不好直接会对打磨造成影响，要求刮涂的原子灰：①保证在合适旧涂膜上的区域，不要刮涂在旧涂膜上，防止在喷涂面漆时出现泥子痕。②稍高于原涂层基准高度的厚度。③具有与板件形状相符合的轮廓。④刮涂后的灰面成平整状，形成平滑的四周过渡边缘。如图2-2-7、图2-2-8 所示。

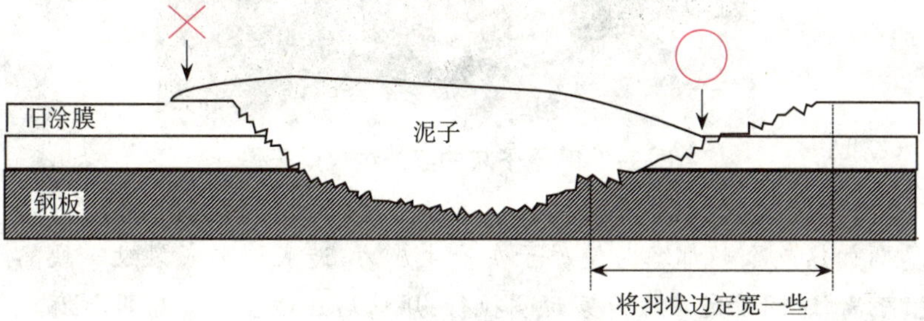

图2-2-7 原子灰超出旧涂膜范围（×错误，○正确）

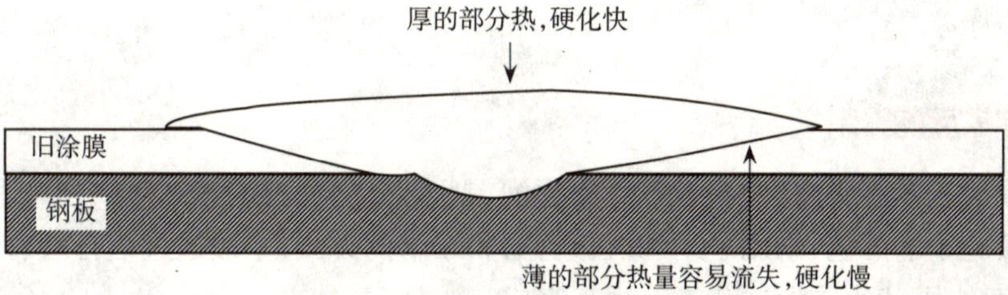

图2-2-8 原子灰的形态与受热特点

（二）原子灰的干燥

1. 原子灰的干燥方式

（1）自然干燥。原子灰与固化剂会发生固化反应而硬化，一般常温下经过30 min即可完全干燥。由于原子灰发生固化反应而产生热量，根据原子灰的厚度不同，干燥时间也会变化，特别是薄的地方硬化慢。因此，最好选择强制干燥。

（2）强制干燥。一般采用短波红外线烤灯强制干燥，温度设定一般是设在50 ℃以下，烘烤3 ~ 5 min，冷却后即可打磨。如图2-2-9所示。

图2-2-9 原子灰的红外线烤灯干燥

注意：急剧加热或冷却都容易使原子灰产生应力，造成剥离或裂纹等缺陷。因此，烤灯的烘烤温度、距离、时间设定应按厂家说明执行；烘烤后应适当冷却后再打磨。

2. 原子灰干燥的检查方法

通常采用指甲或砂纸划擦原子灰表面，如果划擦颜色为白色，不发软，不发黏，则证明原子灰已经干燥。

(三)原子灰的打磨

由于原子灰具有吸水性，会导致漆膜起泡、剥落，金属底材的锈蚀等缺陷。因此，原子灰的打磨应实施干磨工艺，采用手工和机械打磨相结合的方式，一般通过粗打磨、找平面、精加工(消除磨痕)、羽状边成形这几个工序来完成。

1. 打磨工具、设备和材料

(1)打磨工具、设备。根据打磨原子灰的面积大小、形状、部位和打磨步骤，正确选择不同打磨方式和工具。一般在找面之前和补土后羽状边成形时可用打磨机机械打磨，其余步骤多选择手工磨板打磨。

①干磨系统。如图2-2-10所示。

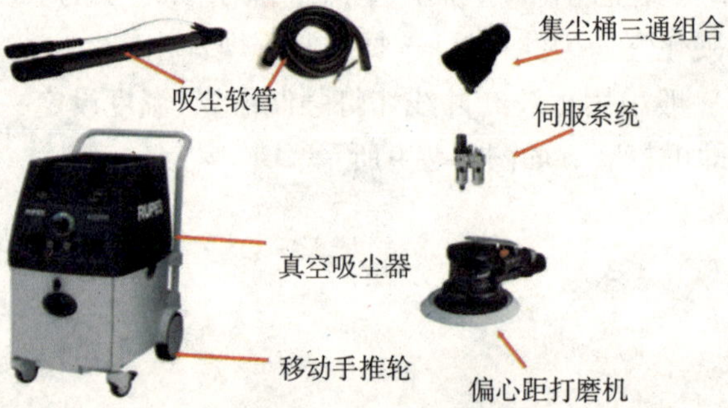

图2-2-10 干磨系统

②打磨工具。这包括机械打磨机和手工打磨板。如图2-2-11所示。

(a)打磨机

(b)手工打磨板

图2-2-11 打磨机和手工打磨板

(2)打磨材料。主要的材料为砂纸、碳粉。

①砂纸。原子灰打磨砂纸可参照表2-2-4。

表2-2-4 原子灰打磨砂纸的选用

砂纸类型	砂纸番号	干磨工序
干磨系列机磨（带孔圆形砂纸）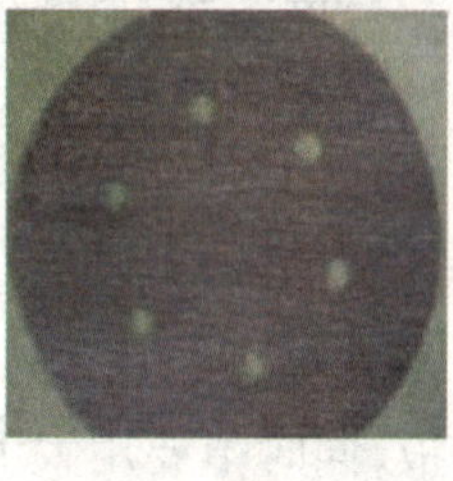	P60 ~ P80	除旧漆
	P120	补土前打磨羽状边
	P180	补土后打磨羽状边
	P240	补土后打磨羽状边
	P320	补土后打磨羽状边
	P400	打磨中涂底漆（单工序）
	P500	打磨中涂底漆（双工序）

续表

砂纸类型	砂纸番号	干磨工序
干磨系列手刨(带孔方形砂纸) 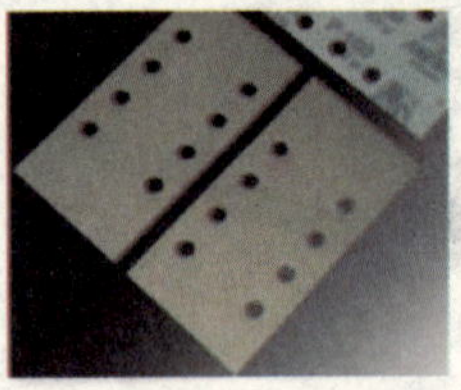	P60	手刨磨原子灰
	P80	手刨磨原子灰
	P120	手刨磨原子灰
	P180	手刨磨原子灰
	P240	手刨磨原子灰
	P320	手刨磨中涂底漆

②碳粉。将碳粉(打磨)指示层,涂抹在打磨面,打磨时便于进行表面高低、砂眼、粗磨痕的目视检查,要求每次切换砂纸时都要进行。如图2-2-12所示。

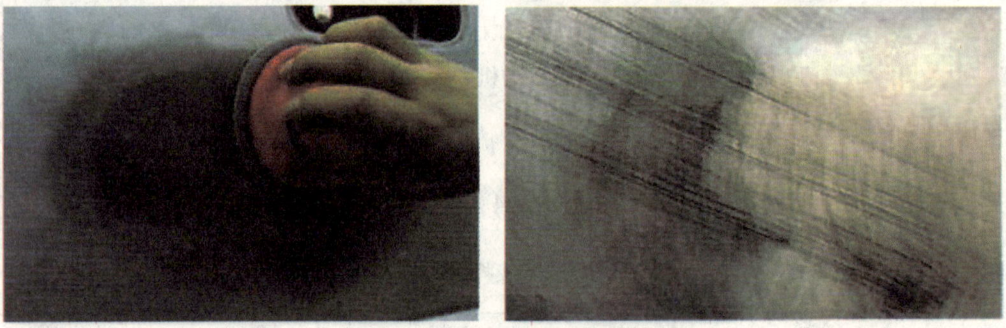

图2-2-12 碳粉(打磨)指示层

2. 打磨的注意事项

(1)砂纸番号的切换。打磨出现的砂纸伤痕,要通过更细的砂纸打磨去除,但砂纸的番号不能跳跃2番号及以上,否则在除去以前深的磨痕时,需要更多的时间或残留更深的磨痕。

(2)打磨区域和方向选择。只选择对高的方向或位置打磨,磨高处而不磨低处;从原子灰面开始向旧涂膜方向(从内侧到外侧)打磨,如图2-2-13所示。另外,用力不均会导致无法形成光滑的面。为了防止过度打磨,要尽量放平打磨机或手磨板,同时不要用太大力压住,可以借助其自重进行打磨,如图2-2-14所示。

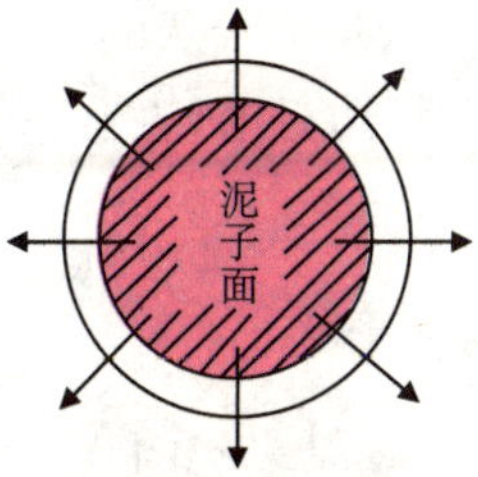

图2-2-13 打磨方向

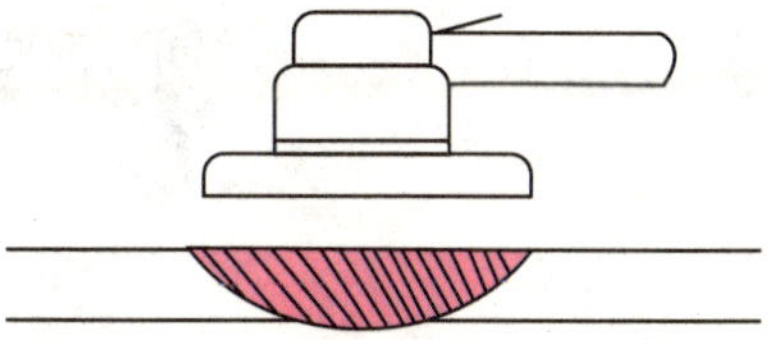

图2-2-14 放平打磨机或手磨板

(3)需戴棉纱手套,不要光着手打磨,否则手指的凹凸会在打磨面上留下波浪。

(4)微小的圆面或细打磨情况下,当用打磨块或垫板存在困难时,要使用有弹性的垫块或海绵垫打磨。

3. 打磨的确认

由于打磨过量会导致成形面过低,就必须要再次刮涂原子灰。因此,打磨过程中对打磨效果的检查、评估十分重要。具体确认方法:用手掌从补修部位的外侧开始,经过成形面,一直触摸到另一侧完好的面为止。确认平整度(凹凸)时,要确认所有的方向(或者反方向的正常面),如图2-2-15所示。通常,每往返打磨2~3次就应确认,可防止出现过量打磨现象,保证打磨质量。

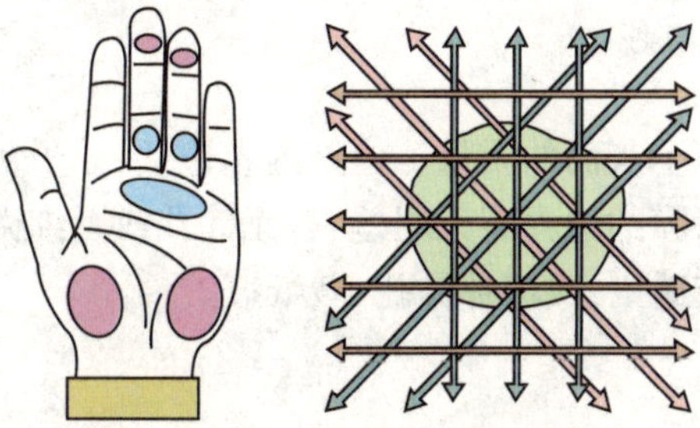

图2-2-15 打磨的确认

4. 打磨的工艺

(1)粗打磨。使用双动作打磨机或手磨板,配合使用干磨砂纸P80~P120,进行泥子的凸部打磨,打磨不要超过原子灰范围,并进行大致的找平,如图2-2-16所示。

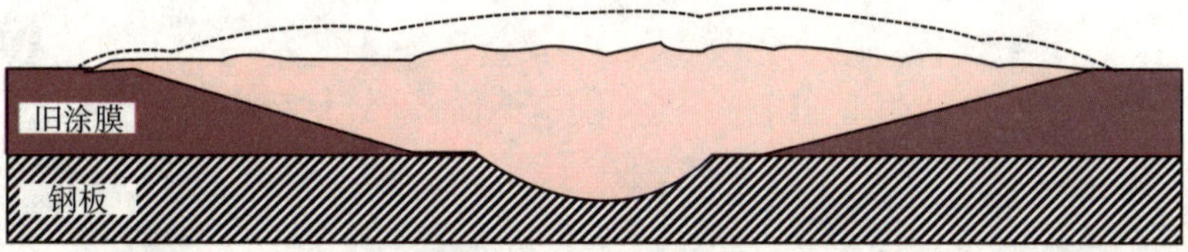

图2-2-16 粗打磨

(2)找平面。使用手磨板手工打磨，配合P120 ~ P180砂纸，从原子灰的凸部逐渐打磨到原子灰的边缘。每次打磨、切换砂纸前，都要涂抹碳粉，边确认边打磨，直至原子灰面平整，如图2-2-17所示。

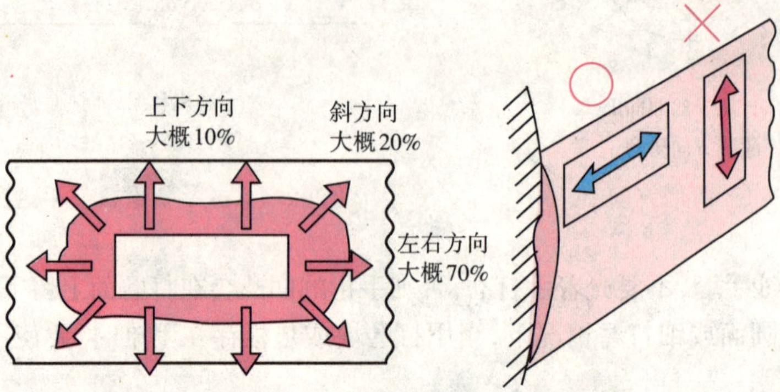

图2-2-17 打磨方向(×错误，○正确)

(3)精加工(消除磨痕)。使用手磨板手工打磨，配合砂纸P180 ~ P240，进一步打磨泥子，逐步向外打磨，形成平滑的灰面和平滑的边缘。

(4)补土后羽状边成形。

为了使原子灰与原涂层过渡平滑，需进行补土后羽状边的打磨。一般使用双动作打磨机，配合P240 ~ P320砂纸，对原子灰与原涂层过渡区域打磨，形成宽度为3 ~ 5 cm羽状边。

5. 打磨质量的确认

打磨结束后，应检查原子灰面的质量。检查内容包括：原子灰面是否平整、光滑，是否存在明显凹凸，原子灰和旧涂膜的边界有无层差、有无针孔或者细微的砂纸痕等。如以上问题存在时，应重新刮涂原子灰返工，或填补针孔、砂纸痕。

6. 清洁除油

如打磨效果没有问题后，可清洁打磨区域。

注意：除油剂不能接触原子灰。

7. 填补针孔、砂纸痕

用填眼灰擦涂原子灰面的针孔、砂纸痕，可避免中涂底漆后刮涂填眼灰。干燥10 min后即可喷涂中涂底漆。

任务实施

一、作业准备

	1. 整理工位，准备板件
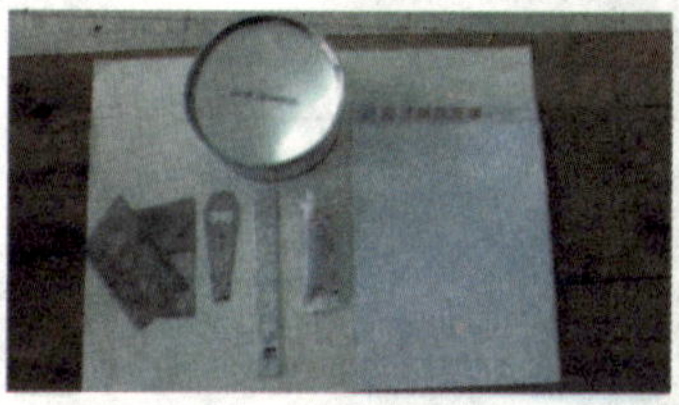 	2. 检查干磨机、磨头、手刨；准备原子灰、固化剂、刮刀、灰板、砂纸、菜瓜布、碳粉、除油剂、除油布、填眼灰、环氧底漆、磷化底漆等材料
	3. 防护用品准备

二、操作步骤

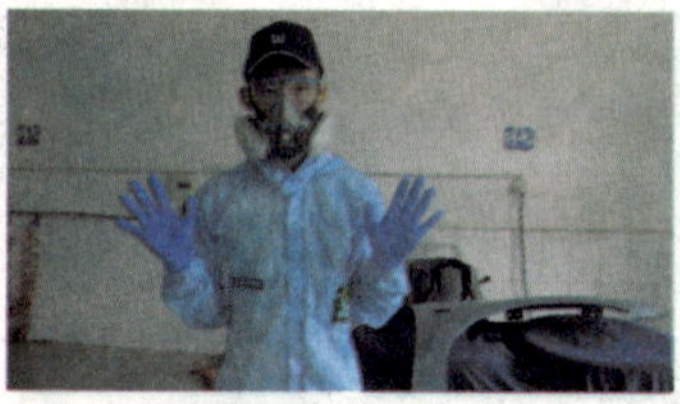	1. 原子灰的调配 (1)穿戴原子灰调配、刮涂的防护用品。
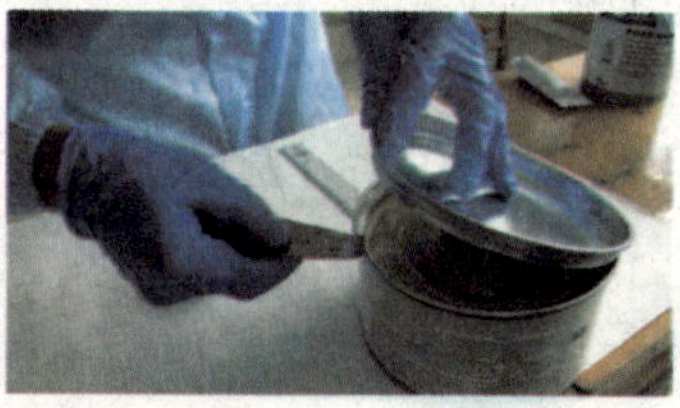	(2)打开原子灰罐。

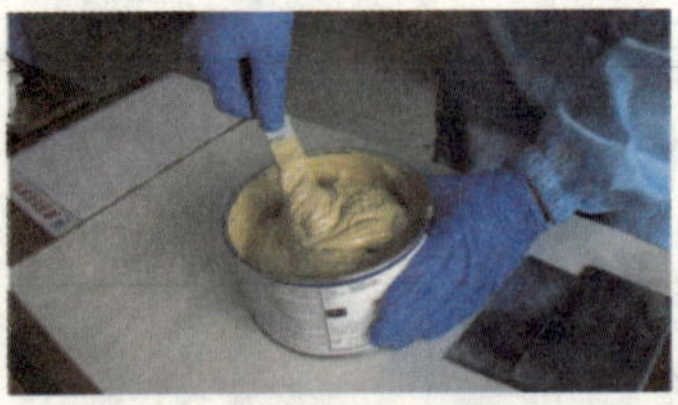	(3)充分搅拌原子灰。
	(4)取出适量的原子灰,置于灰板上。
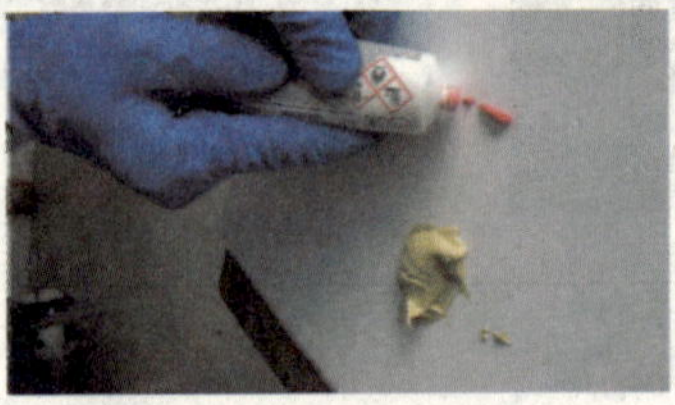	(5)充分揉捏固化剂后,挤出固化剂置于原子灰旁。
	(6)用刮刀将固化剂置于原子灰中间,并重复翻转搅拌。
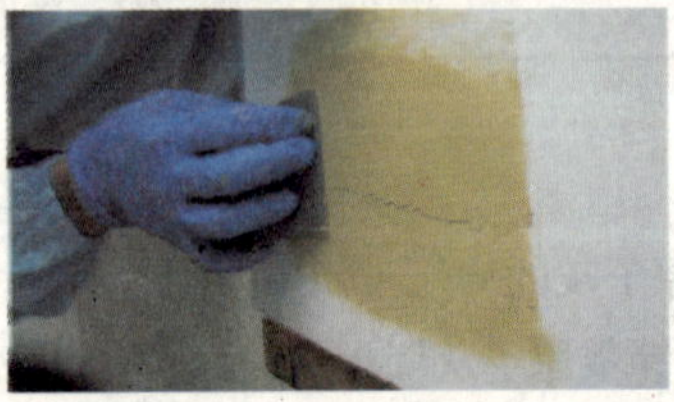	(7)用刮刀重复翻转、摊平后,检查颜色是否均匀,判断混合状况。
	2. 原子灰的刮涂 (1)薄刮。在裸金属区域稍用力压刮,填埋中部凹陷,形成薄薄的原子灰层。

	(2)填平。在羽状边范围刮涂,基本填平凹陷区域。
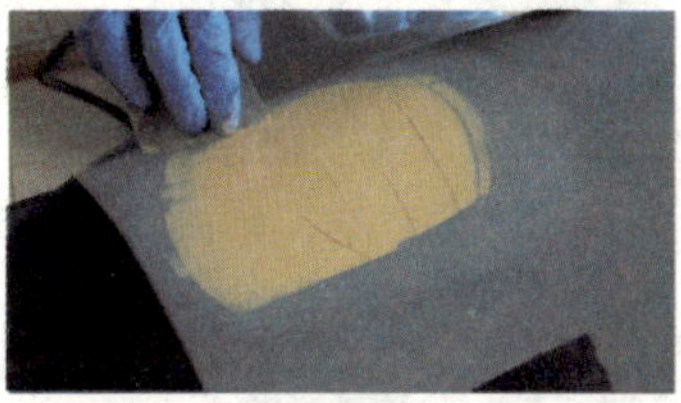	(3)精加工。先轻刮表面,稍向外扩大范围,约高于原涂层,灰面平整。
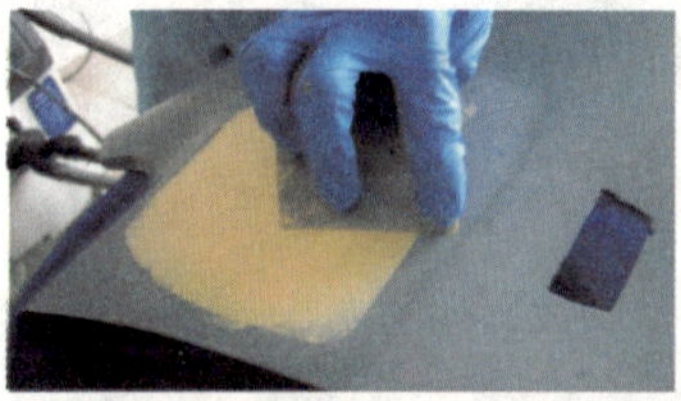	(4)再刮四周边缘,形成与原涂层平滑的过渡,直至原子灰成形。 提示:原子灰刮涂区域不能超过打磨区域。
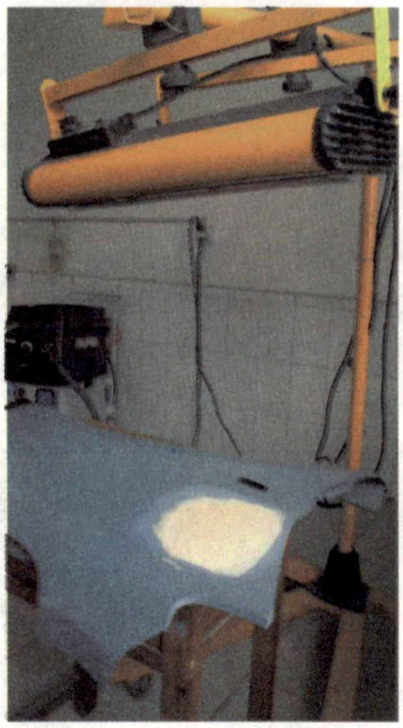	3. 原子灰的干燥 (1)采用红外线烤灯烘烤3 ~ 5 min。 (2)可用砂纸打磨原子灰,检查干燥情况。

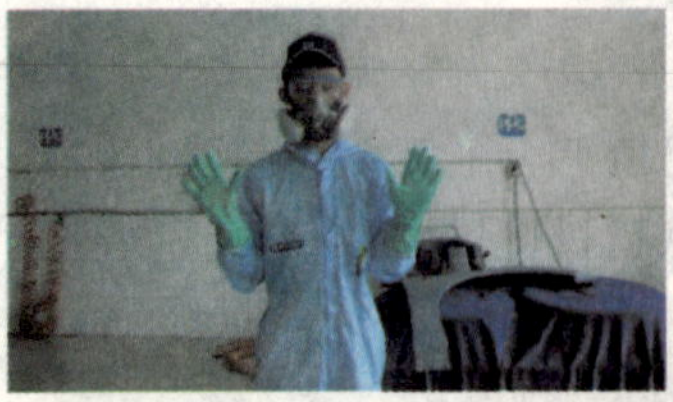	4. 整理原子灰罐,及时清洗刮刀、搅拌棒等 (1)穿戴接触溶剂的防护用品。
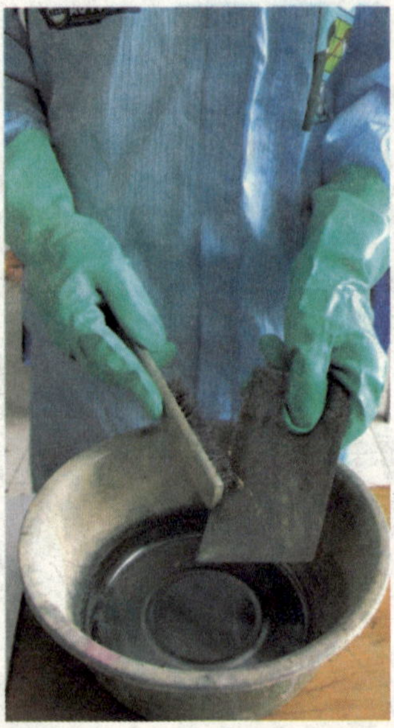	(2)清洗刮刀、搅拌棒。
	5. 原子灰的打磨 (1)穿戴打磨防护用品。
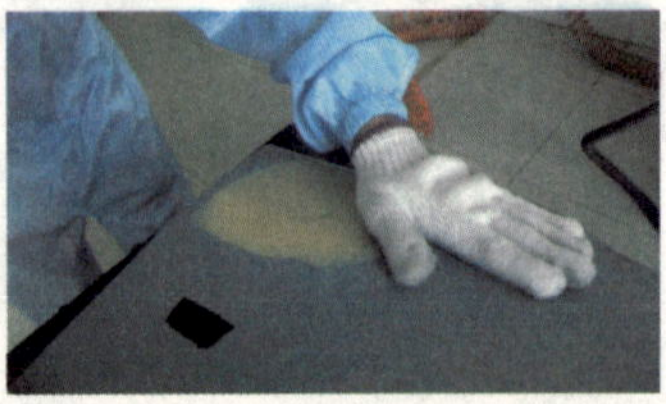	(2)检查原子灰的刮涂状态。

	(3)涂碳粉。
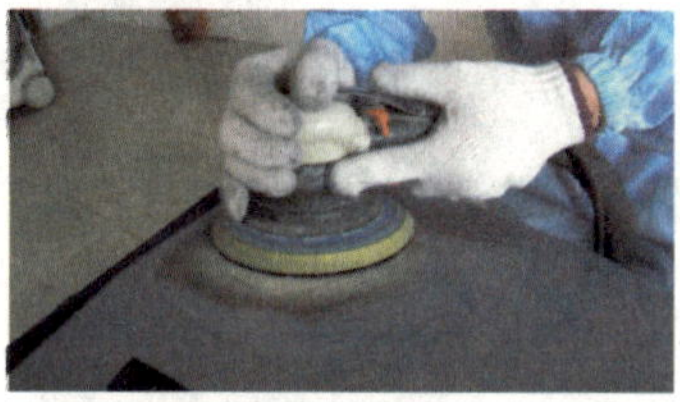	(4)粗打磨。 ①采用双动作打磨机,配合P120砂纸打磨原子灰凸部。
	②涂碳粉。
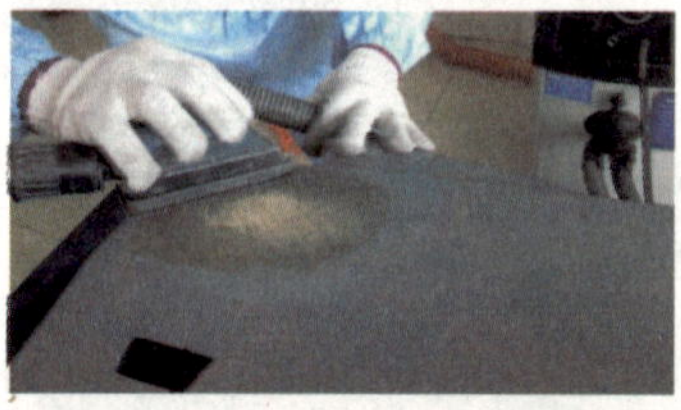	③采用手磨板,配合P120~P180砂纸打磨,打磨不要超过原子灰范围。
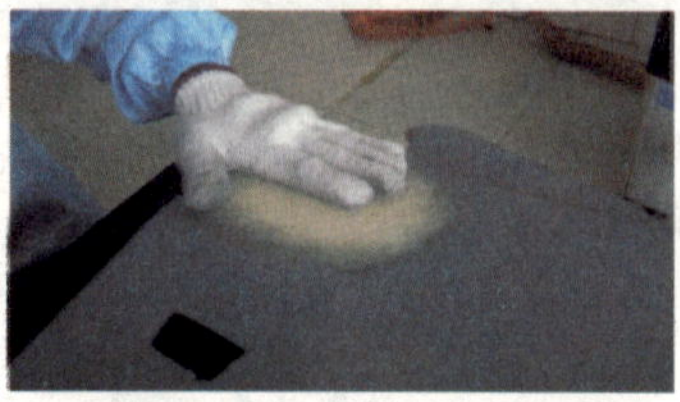	④打磨状态检查。打磨过程经常检查原子灰表面状况,直至大致地找平。
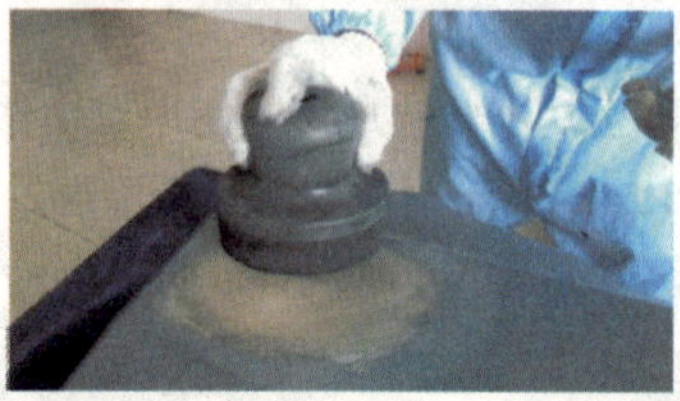	(5)找平面。 ①涂碳粉。

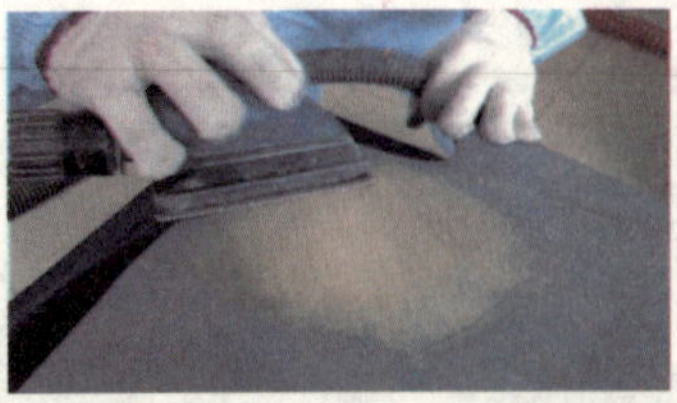	②使用手磨板手工打磨，配合P180砂纸打磨。从原子灰的凸部逐渐打磨到原子灰的边缘。
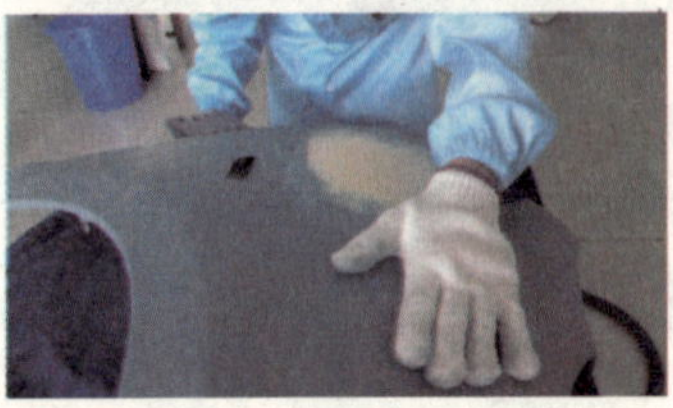	③边确认边打磨，直至原子灰表面平整。
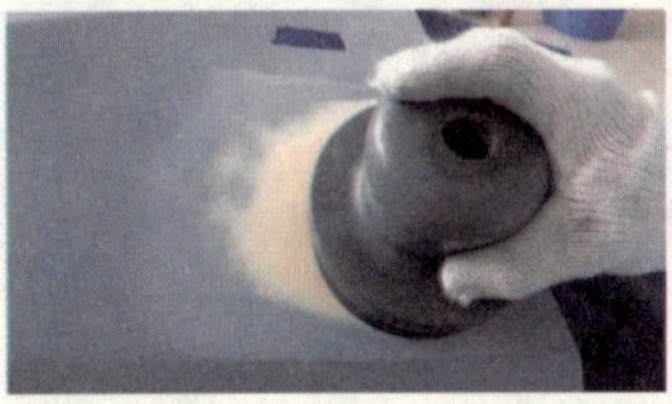	(6)精加工(消除磨痕)。使用手磨板手工打磨，配合P240砂纸打磨。 ①涂碳粉。
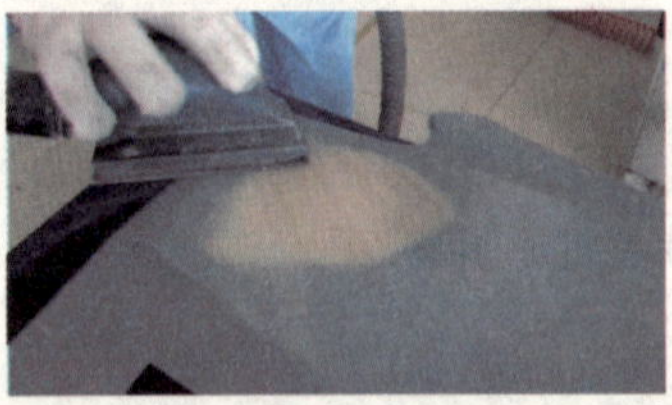	②进一步打磨泥子，逐步向外打磨。
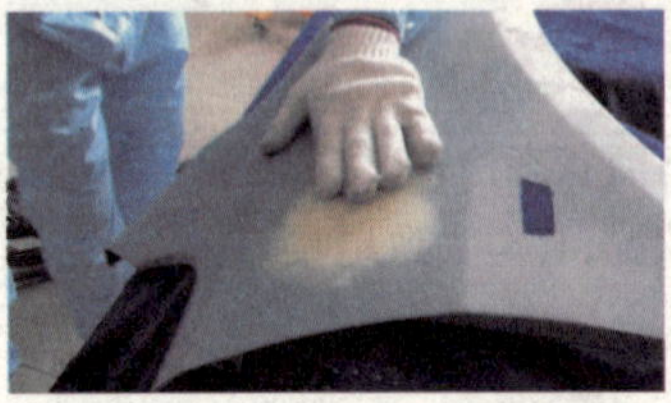	③边确认边打磨，直至形成平滑的灰面和圆滑的边缘。
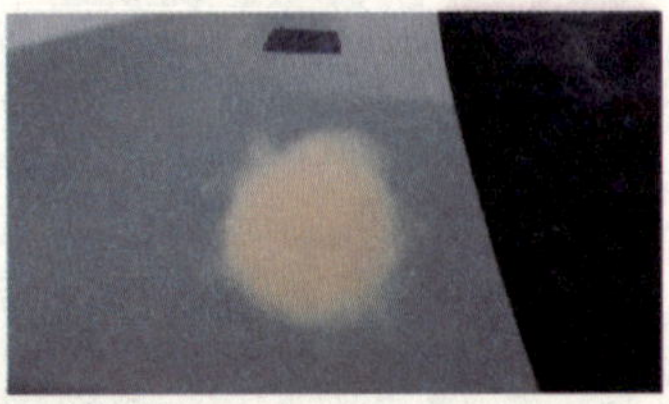	(7)补土后羽状边成形。使用双动作打磨机，配合P240砂纸，对原子灰与原涂层过渡区域进行打磨，形成宽度为3~5 cm羽状边。

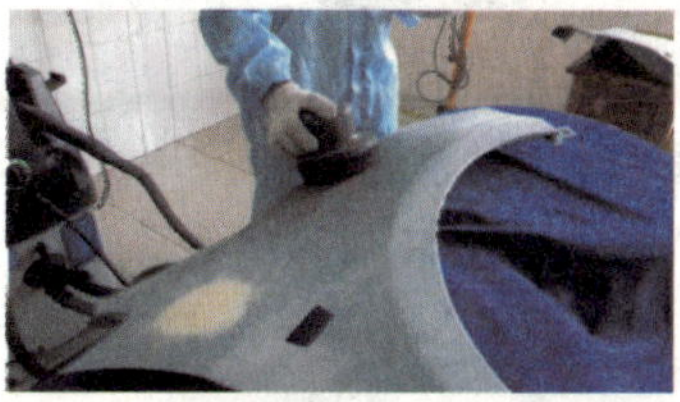	6. 整板打磨。 (1)涂碳粉。
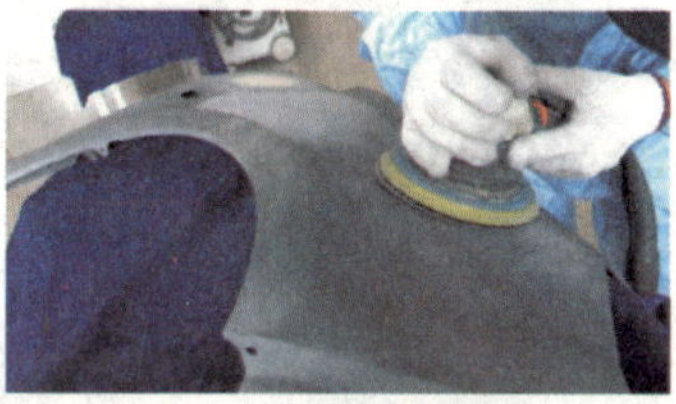	(2)使用双动作打磨机，配合P320砂纸，进行整板面打磨。
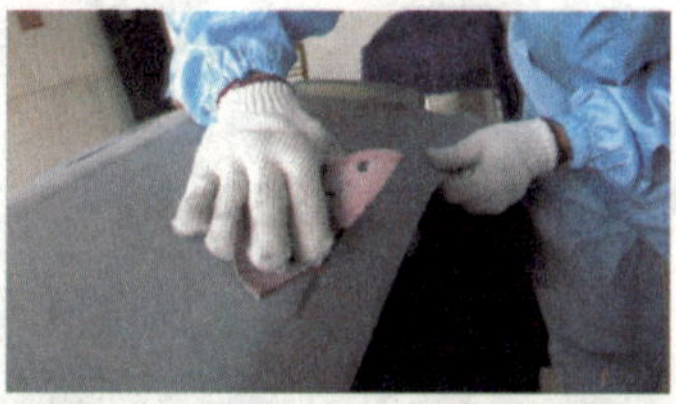 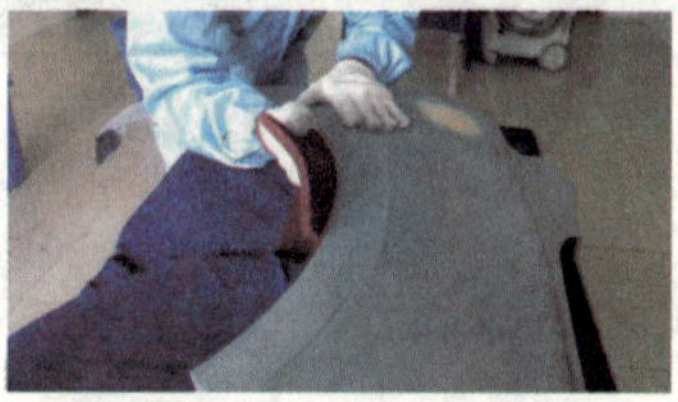	(3)使用P320砂纸或红色菜瓜布打磨边角处。
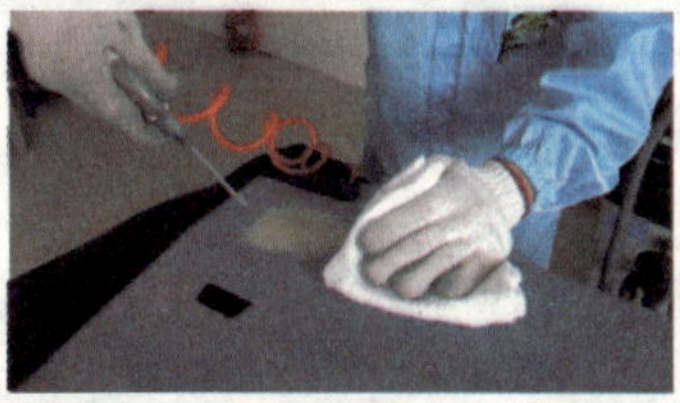	(4)吹尘、除油清洁。 ①使用吹枪除去工件表面灰尘，尤其要除去原子灰面上的灰尘。
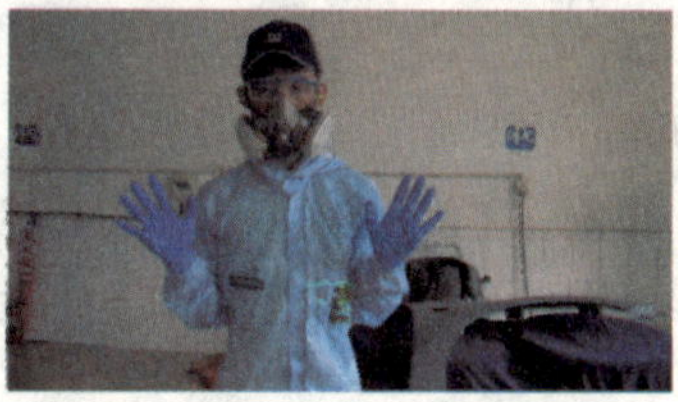	②除油清洁。 穿戴除油防护用品。

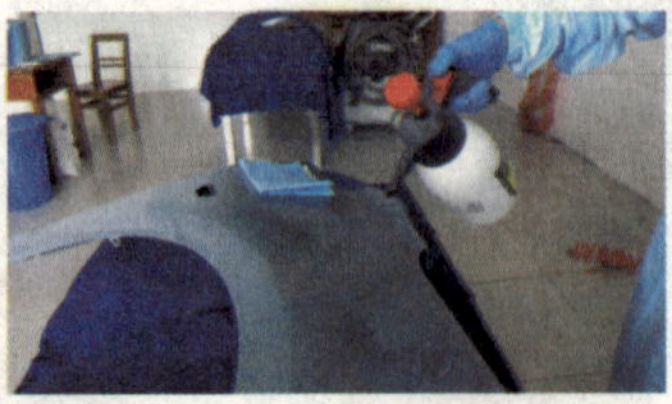	③采用干湿法彻底清洁。 小提示：除油剂不能接触原子灰。
	7. 施涂填眼灰 (1)用除油布取出填眼灰。
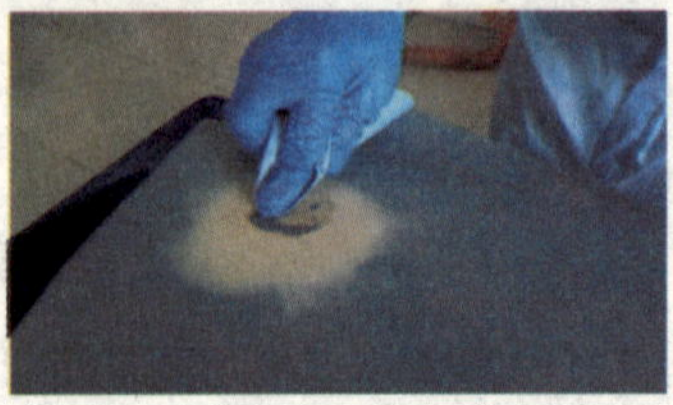	(2)在原子灰区域擦涂填眼灰。
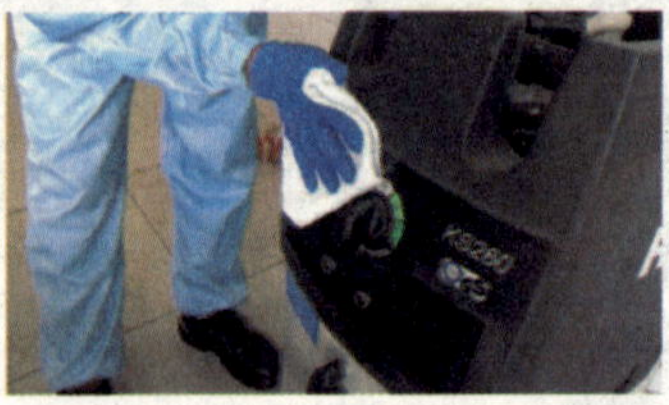	8. 整理结束工作

任务检测

一、选择题

1. 普通原子灰的刮涂厚度范围一般是(　　)。

A. 1~3 mm　　B. 2~4 mm　　C. 3~5 mm　　D. 5 mm

2. 调配原子灰时，固化剂的用量一般是原子灰质量的(　　)。

A. 2%~4%　　B. 3%~5%　　C. 1%~3%　　D. 1.5%~2.5%

二、判断题

1. 干磨手刨主要用于原子灰、中涂底漆的粗打磨。　　(　　)

2. 干磨主要使用干磨机打磨，难以机磨的位置使用手工干磨。　（　　）

3. 双动作打磨机较单动作打磨机的切削力强。　（　　）

4. 无论使用何种打磨机，都需要将打磨机放在工件表面再启动。　（　　）

任务评价

班级：			姓名：			
评价内容	过程性评价		终结性评价		持续发展性评价	评价人
知识评价						自评
						互评
						教师评价
						总评
技能评价						自评
						互评
						教师评价
						总评
情感评价						自评
						教师评价
						企业评价
						总评

任务拓展

冲压直线的原子灰刮涂方法

车身板件上的冲压直线部位需要修补时，需要用原子灰刮涂出一条直的线条才可以恢复轮廓。可采用以下方法进行，如图2-2-18所示。

(1)沿着冲压线贴上遮蔽胶带，并在其反面刮涂原子灰。

(2)在原子灰硬化之前，将遮蔽胶带剥落。

(3)原子灰硬化后，沿着原子灰上的冲压线，再贴遮蔽胶带。

(4)在反面刮涂原子灰，并在原子灰硬化之前，将遮蔽胶带剥落。

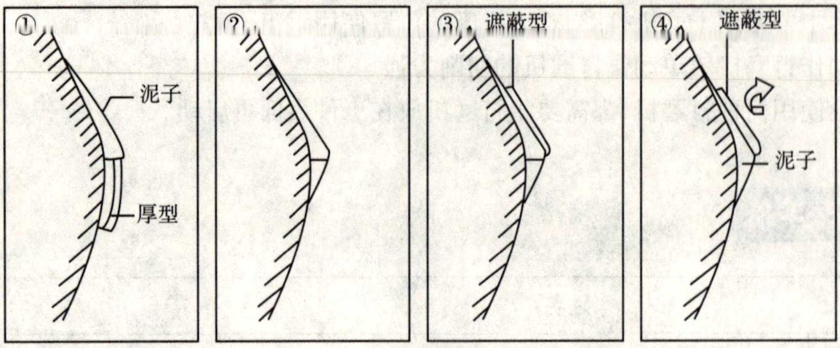

图2-2-18 修补冲压直线部位

如果板件上的冲压直线部位损伤严重，凹陷明显，原子灰填涂过厚，会在冲压直线部位产生应力，发生裂纹。因此，可将原子灰硬化后进行打磨处理，然后刮抹原子灰，反复多次即可恢复成形。

项目三 中涂处理工艺

任务一 中涂底漆喷涂

任务目标

目标类型	目标要求
知识目标	(1)能理解中涂底漆的作用、类型 (2)能说明中涂底漆的调配 (3)能描述中涂底漆喷涂前的遮蔽方法 (4)能描述中涂底漆喷涂的方法 (5)能描述中涂底漆喷涂的质量要求
技能目标	(1)能熟练选用、调配中涂底漆,正确选用中涂底漆的灰度值 (2)能熟练实施遮蔽贴护作业 (3)能熟练完成中涂底漆喷涂作业 (4)能正确实施中涂底漆干燥作业
情感目标	(1)具有作业现场的“5S”习惯 (2)养成个人防护安全、环保观 (3)养成作业质量、效率观

任务描述

对已完成前处理工艺的修补板件或更换板件,应该实施中涂底漆的喷涂作业,为后面的中涂底漆打磨和面漆作业打下基础。

任务准备

一、中涂底漆的作用

中涂底漆也称为“二道浆”“二道底漆”,是底漆涂层和面漆涂层间的底漆。中涂底漆涂层是面漆前的最后一道涂层，位于面漆之下，其作用是增强涂层间的附着力；封闭和隔绝下面涂层，防止面漆向下渗透产生涂膜缺陷，提高防腐蚀性能；中涂底漆具有耐腐蚀性，对车身具有良好的防腐蚀作用；具有填充细小针孔、划痕的作用；具有提高面漆平整度、丰满度的作用。总之，中涂底漆是面漆施工的基础。其性能要求如下：

(1)应有良好的配套性，提供良好的附着力。由于中涂底漆是底漆层、原子灰层、旧涂层与面漆层间的中间媒介层，因此，必须保证底漆层和面漆层间的附着力和配套性。

(2)应有良好的封闭和隔绝性、耐溶剂性。能防止底漆层、原子灰层、旧涂层与面漆层间的相互渗透、溶解，保证正常作业和面漆效果。

(3)应有良好的耐腐蚀性。保证对车身具有良好的防腐蚀作用。

(4)应有良好的填充性、打磨性和耐水性。能填充细小针孔、划痕和砂痕；打磨硬度适当，打磨平滑；满足面漆平整度、丰满度的要求。

(5)应有良好的施工性能，包括施工环境温度、湿度的适应等。

二、中涂底漆的类型

不同厂家有不同的配套中涂底漆种类，其名称和特征不同。中涂底漆按涂料性质可分为单组分、双组分中涂底漆；按成膜物质(树脂)可分为硝基中涂底漆、环氧中涂底漆和丙烯酸聚氨酯中涂底漆等。中涂底漆的一般性能见表3-1-1。

表3-1-1 中涂底漆的类型、性能和应用

序号	类型	使用性能	应用
1	硝基中涂底漆	属于单组分，干燥快，便于打磨，但成膜涂层薄，填充性、附着力、隔绝性、耐候性差	只适合小面积修补喷涂
2	环氧中涂底漆	多为双组分，防锈性突出，填充性、附着力、耐溶剂性、机械强度好，但干燥慢，大多需要短波红外线烤灯烘烤15 min	既可作为底漆使用，也可作为中涂底漆使用，还可作为底漆、中涂底漆二合一使用；尤其适合对裸露金属的工件打底使用
3	丙烯酸聚氨酯中涂底漆	为双组分，填充性、附着力、防锈性好，耐水性、耐热性好，干燥较快，打磨性较好，对面漆保光性好	在汽车修补涂装中广泛使用，可用于底漆层、原子灰层、旧涂层之上

注意：(1)单组分硝基中涂底漆由于不能添加柔软剂降低柔韧性，所以不能用于保险杠塑料件，否则容易形成漆膜开裂、脱落。目前，多采用涂装性能优良的厚膜双组分聚氨酯系列中涂底漆。(2)为了保证底漆层和面漆层间的附着力和配套性，选用中涂底漆应以厂家配套产品要求和底层材料、涂层类型为依据。(3)中涂底漆处理方法以及施工要领应按厂家产品要求来实施。

硝基系列和聚氨酯系列中涂底漆的差异见表3-1-2。

表3-1-2 硝基系列和聚氨酯系列中涂底漆的差异

性能类型	硝基系列(单组分型)	聚氨酯系列(双组分型)
附着力	差	优良
防锈力	差	优良
吸入防止性	差	优良
干燥性	优良	一般
研磨性	优良	一般
点修补性(针对硝基旧涂膜)	优良	差
备注	①劣化的旧涂膜上,使用聚氨酯系列的中涂底漆 ②旧涂膜为硝基系列的情况下,不进行补漆,而进行区别涂装	

三、中涂底漆前遮蔽

在中涂底漆喷涂前,为了保证底漆漆雾不会沾在多余的地方,必须要进行遮蔽。一般采用遮蔽纸、胶带材料,在前处理作业完成后,贴上遮蔽纸,用胶带固定。具体工艺流程为:

(一)清洁除油

清洁受损部位及其周边,即对喷涂区域及周边进行清洁除油。

(1)用吹尘枪吹除打磨的粉尘。

(2)用除油剂清洁除油。

注意:不要使用脏污的纸、抹布在干净的面上擦拭。

(二)遮蔽

1. 遮蔽作用

为了保证底漆漆雾不会沾在多余的地方,要进行遮蔽。一般而言,当遮蔽的边缘是车灯、装饰条、密封条、把手等边界时,沿这些边界贴护遮蔽;当遮蔽的边缘是在修补板件面上,必须要采用反向遮蔽,防止中涂底漆喷涂后出现"台阶"现象。"台阶"会造成打磨时间和打磨成本增加,还会因为打磨不彻底,在中涂底漆周围出现层差,形成面漆后中涂底漆的边界痕迹,影响修补效果。

2. 反向遮蔽

就是将遮蔽纸由喷涂区域向外反折,使遮蔽纸反卷向外形成圆弧,从而避免喷涂"台阶"出现。如图3-1-1所示。

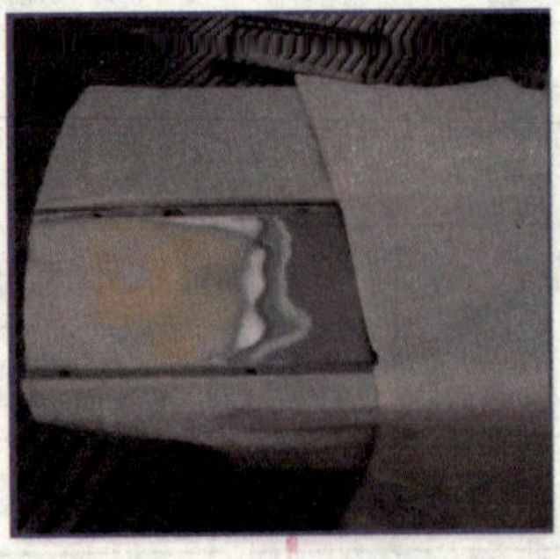

图3-1-1 反向遮蔽

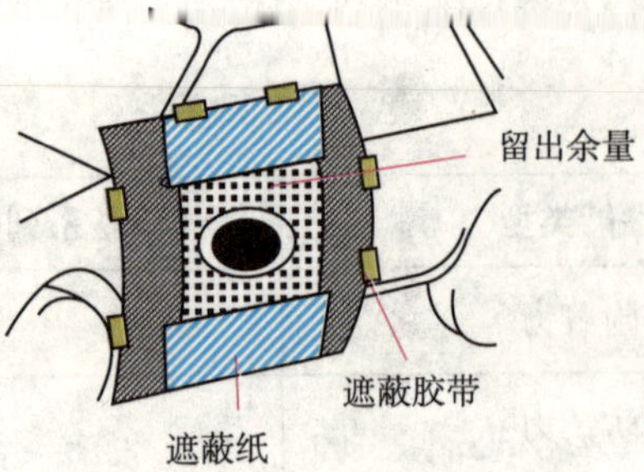

图3-1-2 遮蔽范围

3. 遮蔽范围

要正确选择贴护边缘位置，一般而言，选择在原子灰羽状边范围内，要能盖住原子灰打磨的划痕，不要太靠近原子灰修补区，要保证各修补涂层的过渡平滑。如图3-1-2所示。

注意：为了防止涂装时的气流使遮蔽纸翻边、脱落，要在遮蔽纸的周围贴上胶带。

四、中涂底漆喷涂方法

(一)中涂底漆的配比

(1)中涂底漆颜料多，而且颜料的粒径也大，容易沉淀，所以要充分搅拌后，再取出所需要的量。

(2)按质量比调配的中涂底漆，一定要使用计量器，将指定的稀释剂混入，并进行充分的搅拌。按体积比调配的中涂底漆，应使用量杯和比例尺。

(3)选择稀释剂不仅要考虑温度，还要根据作业区域的风量、湿度等各个条件，控制合适的稀释黏度。

注意：调配前须参考各产品厂家的使用说明书。

(二)中涂底漆的过滤

混合搅拌后的中涂底漆，用纸漏斗进行过滤，并把喷壶装入喷枪。所用滤网细度的选择，应依据各涂料厂家所指定的产品和要求来确定。中涂底漆的过滤如图3-1-3所示。

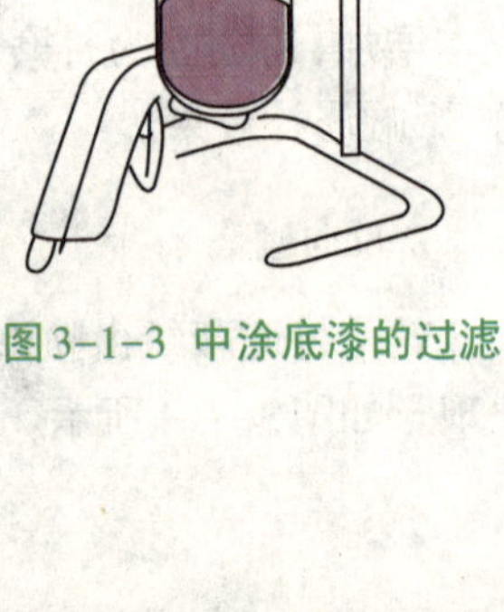

图3-1-3 中涂底漆的过滤

(三)中涂底漆的喷涂

由于中涂底漆喷涂后需要打磨找平，形成平滑一致的板面，为面漆作业打下基础，要求喷漆时膜厚应偏大，保证打磨后保留一定膜厚；要求喷漆时漆膜均匀，“橘皮”正常等。因此，需要正确地选择喷涂方法。中涂底漆按施工方式的不同，分为喷灰和喷涂；按喷涂区域面积大小的不同，分为整板和局部中涂底漆的喷涂。

（1）整板喷涂。更换的新整板喷涂时，当面板前处理质量很好时，可采用湿碰湿方式喷涂2～3层即可。

（2）局部中涂底漆的喷涂。可按图3-1-4所示方法实施：

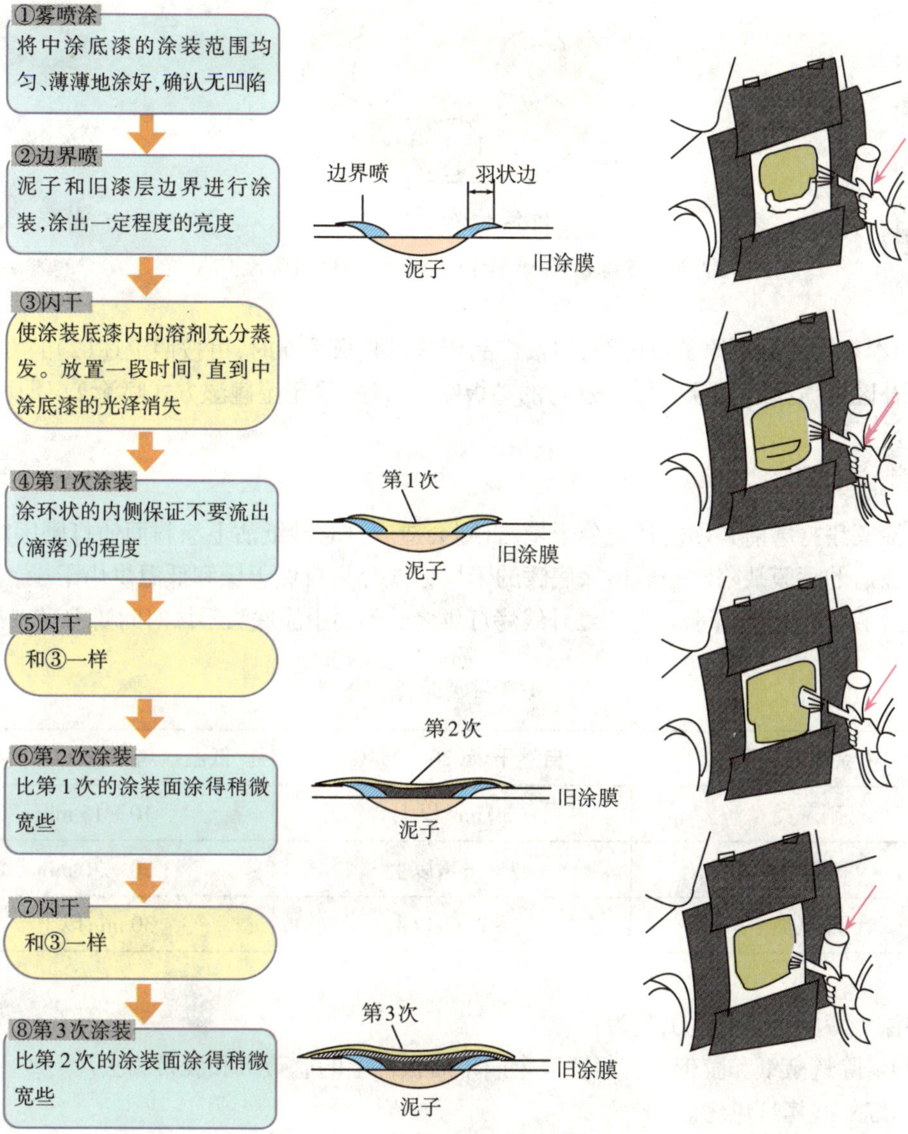

图3-1-4 局部中涂底漆的喷涂方法

注意：泥子形成部位的几个位置分散在附近的情况，各个泥子的形成部位分别取一定的间隔，进行2次喷涂；第3次喷涂后，将整体都连接起来，再喷2～3次。

泥子形成部位分散的中涂底漆喷涂方法如图3-1-5所示。

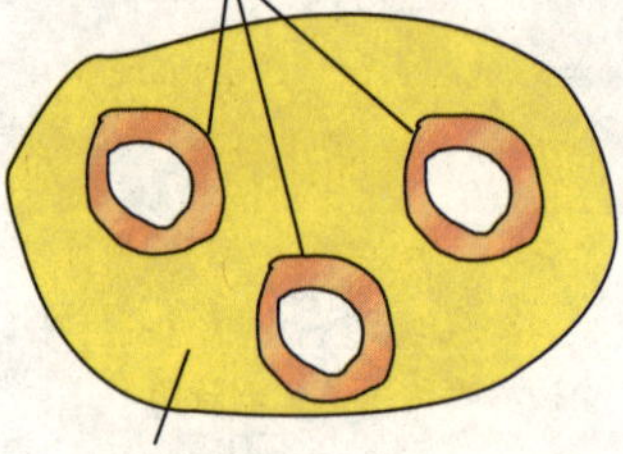

图3-1-5 泥子形成部位分散的中涂底漆喷涂方法

(3)本来属于局部原子灰修补，但按产品要求需整板喷涂时，可按照上述(2)的方法在原子灰修补区域喷涂1~2层，然后按(1)的整板喷涂方法，采用湿碰湿方式喷涂2层即可。

(四)中涂底漆的干燥

中涂底漆打磨前必须使其充分干燥，否则会造成打磨砂纸沾上涂料而使打磨困难，也会形成面漆后的漆膜缺陷。一般中涂底漆的干燥方式分为自然干燥和低温烘烤干燥。气温较低时或为了缩短干燥时间，多采用红外线烤灯烘烤。不同中涂底漆干燥时间要求见表3-1-3。

表3-1-3 中涂底漆的干燥

中涂底漆类型	自然干燥(20～25 ℃)	低温烘烤干燥(60～70 ℃)
硝基类	30 min以上	10 ~ 15 min
聚氨酯类	180 min以上	20 ~ 30 min
环氧类	180 min以上	30 min以上

中涂底漆的干燥具体工艺为：

(1)清除遮蔽纸和胶带。将静置完全闪干后板件上的遮蔽纸和胶带撕去。

(2)红外线烤灯烘烤。

注意：红外线烤灯的烘烤时间、温度、距离必须做好调整。喷涂完成，进行强制干燥的话，一定要静置一段时间后加热。干燥温度和时间根据实际情况调整，请参考各涂料厂家的使用说明书进行确认。

(五)中涂底漆喷涂质量检查和缺陷处理

中涂底漆完全干燥后应检查涂层质量，主要包括以下几方面：

(1)首先检查原子灰修补区域状况，如原子灰修补不能完全填充恢复形状，建议返工至原子灰修补作业工序；如果原子灰修补区域状况良好，按以下项目内容检查。

(2)涂膜厚度符合要求。一般为80~120 μm,涂膜均匀一致;如涂膜太薄容易打磨露底,建议重新喷涂中涂底漆。

(3)无流挂、流痕。如涂层出现流挂、流痕,在打磨时必须首先处理,否则会造成打磨难度增加。

(4)涂层表面平滑、不粗糙,便于打磨,能够保证打磨后的效果。

(5)涂层表面无针孔、划痕。如涂层表面出现针孔、划痕,需进行填补作业。

注意:硝基类泥子可用于中涂底漆干燥后,在表面上填补细微的砂眼和砂纸痕。但一定要按照硝基泥子的作业要领进行,硝基泥子一旦加厚,就不容易干燥,容易脱落,所以要避免。厚度大时,要在限度厚膜(0.1 mm)以内,分2~3次进行。

任务实施

一、作业准备

 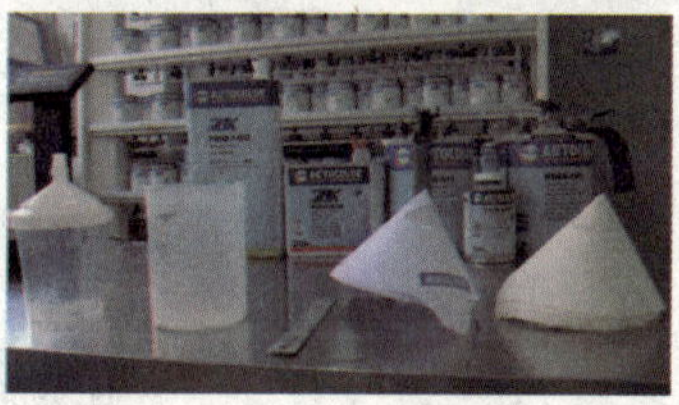	1. 整理工位 检查喷涂房设施、空气压缩机设备,安放板件;整理中涂底漆调配工作台。
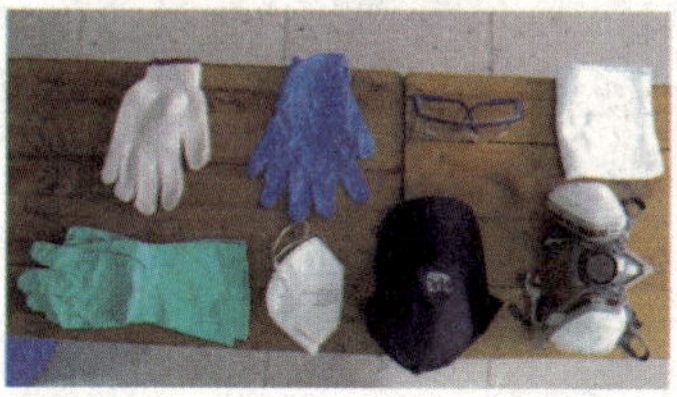	2. 防护用品准备

二、操作步骤

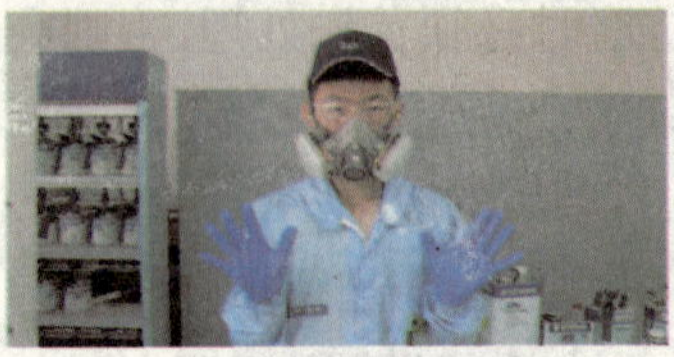	1. 穿戴防护用品
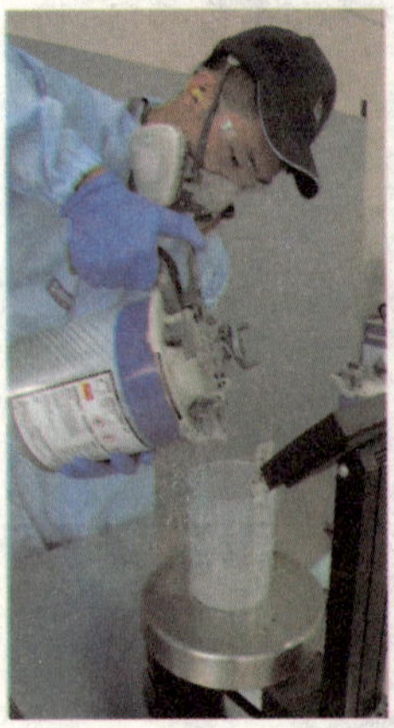 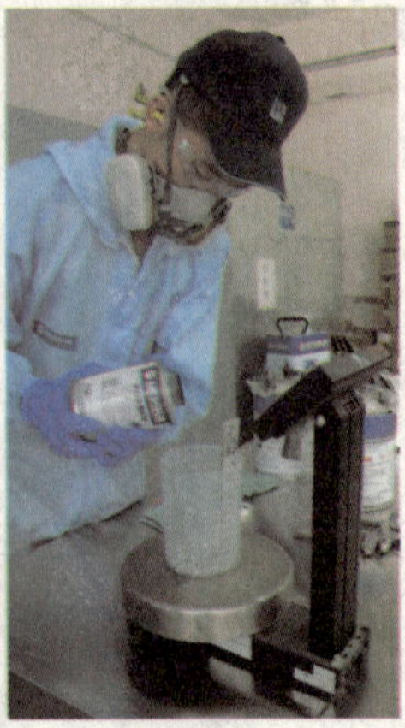	2. 灰度选择和调配中涂底漆 (1)依据面漆或其配方说明,选择灰度值,并正确配置需要灰度的中涂底漆。
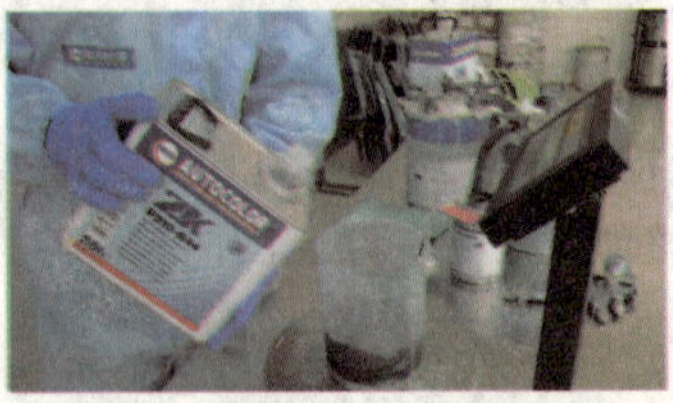 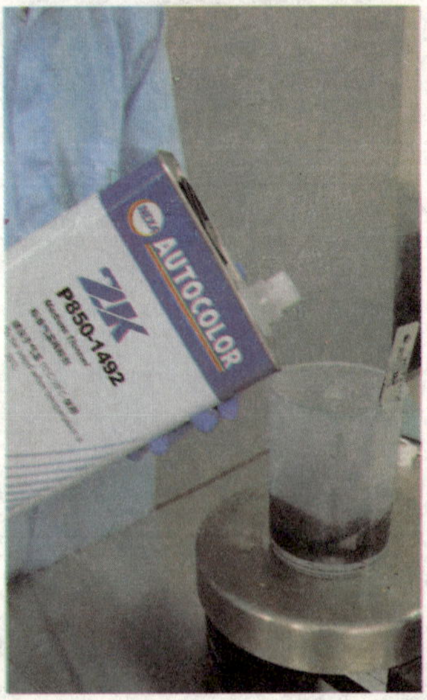	(2)依据产品要求,正确添加中涂底漆及固化剂、稀释剂。 提示:应参照产品说明的中涂底漆、固化剂、稀释剂的比例进行体积或质量配比;稀释剂的选用应按照气温高低选择不同型号。

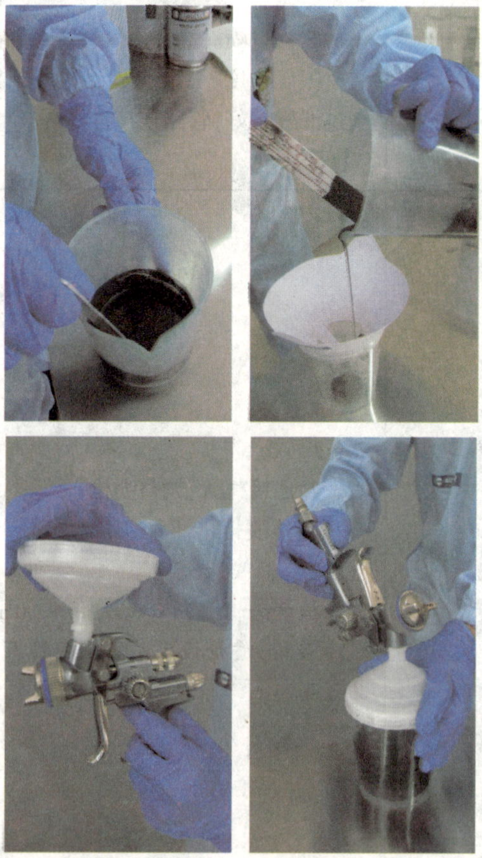	3. 搅拌、过滤和装枪 提示：滤网细度的选择应符合产品要求。
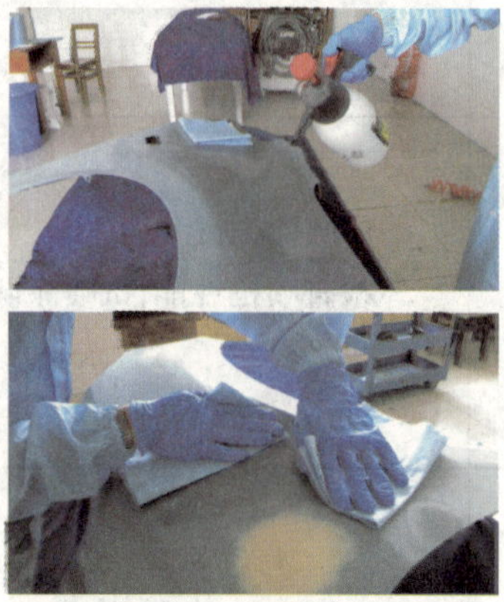	4. 除油清洁 干湿法除油，除掉板件表面的油污、灰尘等杂物，保证喷涂质量。 提示：原子灰不能接触除油剂，避免吸附后咬底；要求除油彻底、清洁。
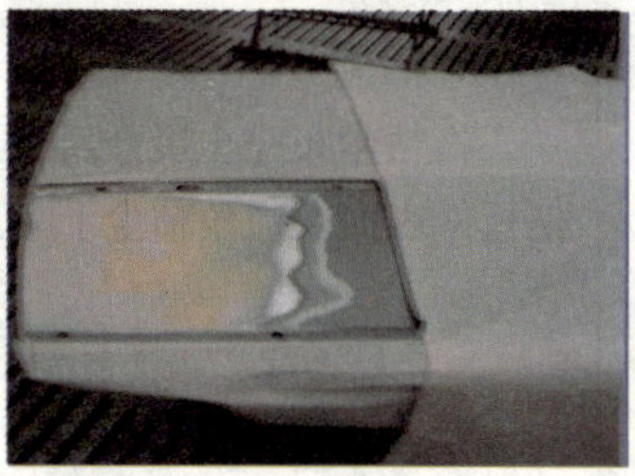	5. 反向遮蔽贴护

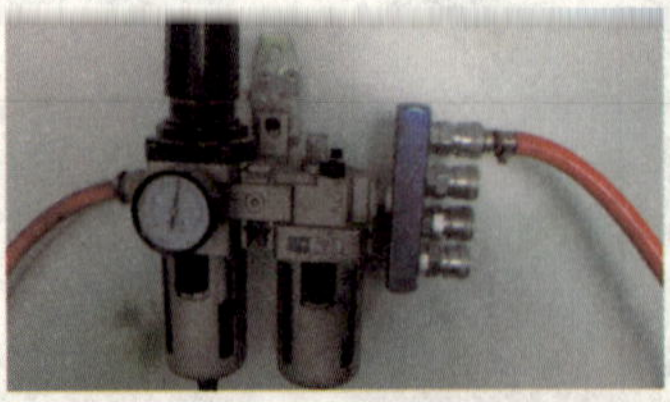	6. 检查喷涂高压空气气压、管路 气压强度、稳定性满足喷涂要求，空气过滤效果好，管路连接良好。
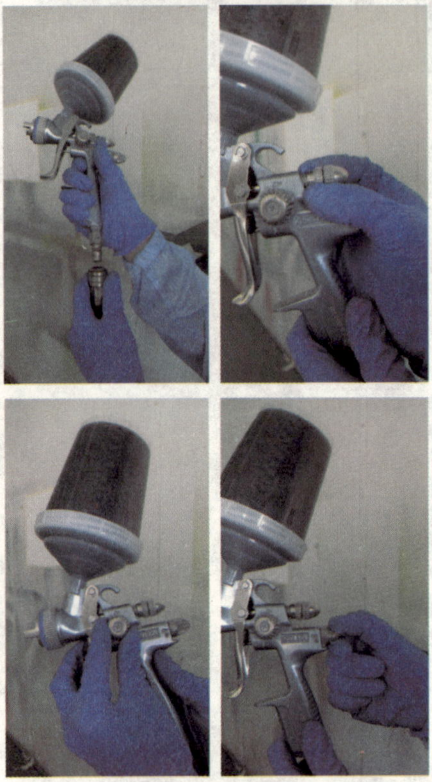	7. 连接气管，调整喷枪 调整喷枪出漆量、喷幅、气压（枪尾气压）。 提示：一般选用口径为1.6~2.0 mm的底漆喷枪；喷枪设定参数应参照厂家产品说明。
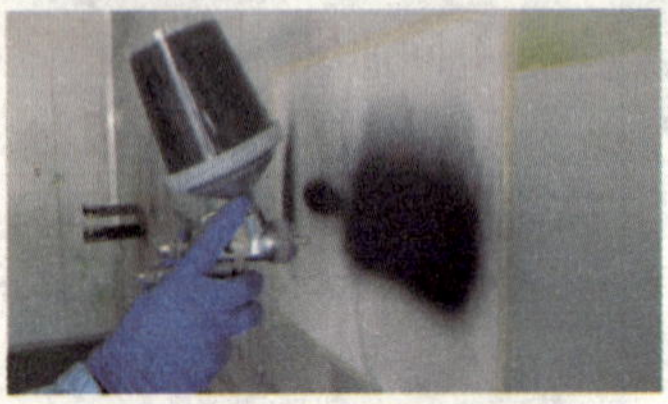	8. 喷涂调试 检查喷枪性能，试喷涂调整、检查喷涂效果。
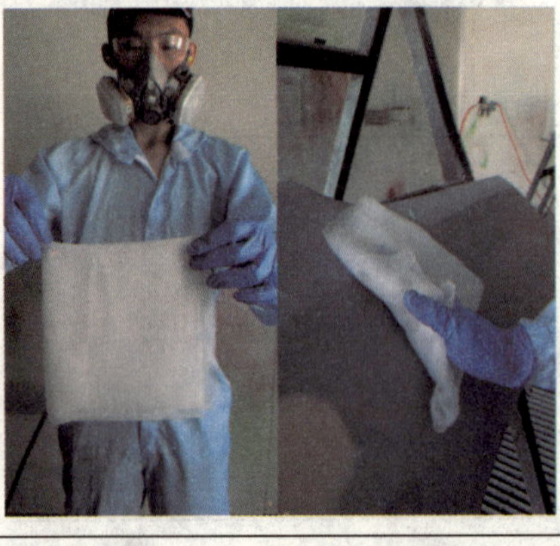	9. 粘尘 将粘尘布完全展开后，再反向折叠，把板件表面及边角粘尘干净。

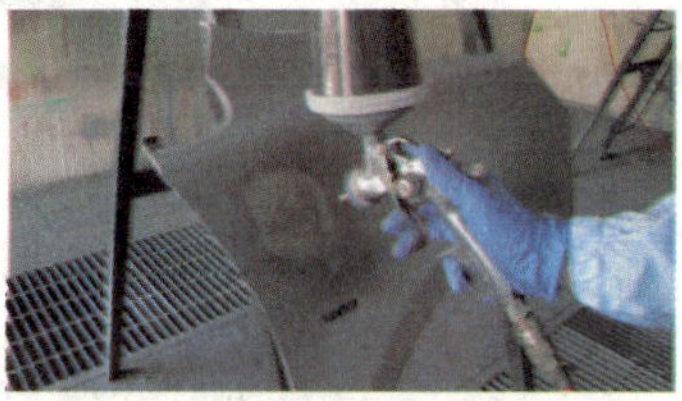	10. 喷涂中涂底漆 (1)雾喷。在原子灰区域进行雾喷，提高附着力。
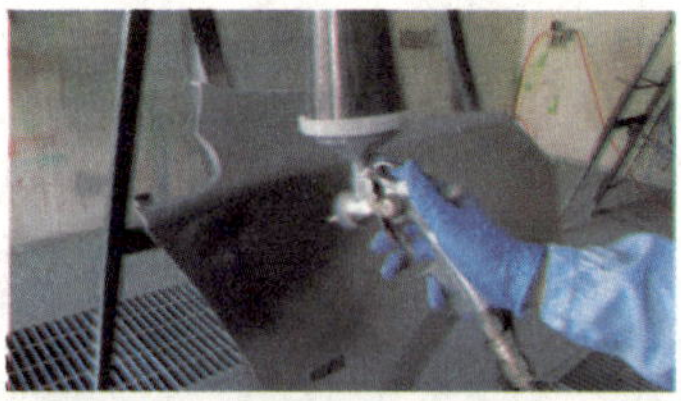 	(2)喷原子灰区域第一层，并闪干 3 ~ 5 min 至半亚光。
	(3)喷原子灰区域第二层，并闪干 3 ~ 5 min 至半亚光。
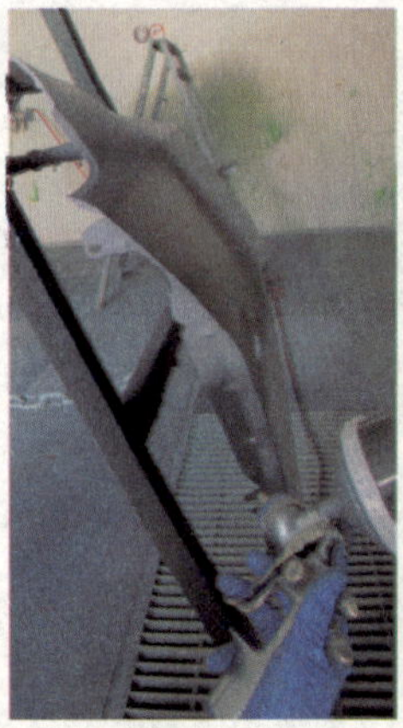 	(4)喷板件边角。

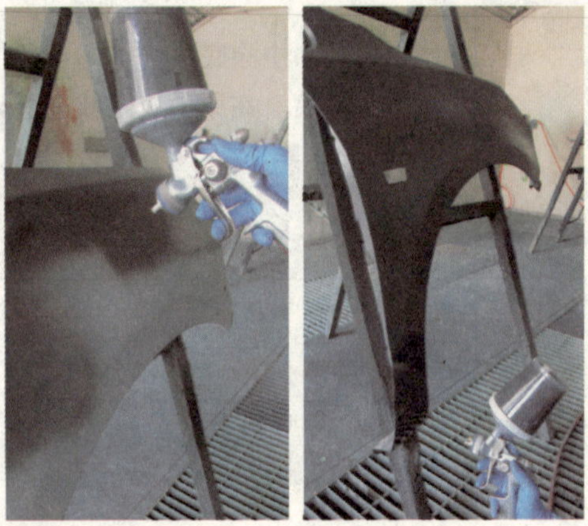	(5)整板湿喷 2～3 层，每层需闪干 3～5 min 至半亚光。
	(6)喷涂板件面并检查。 提示：每喷一次，应对喷涂面的效果进行检查，便于调整后面的喷涂，保证喷涂效果。
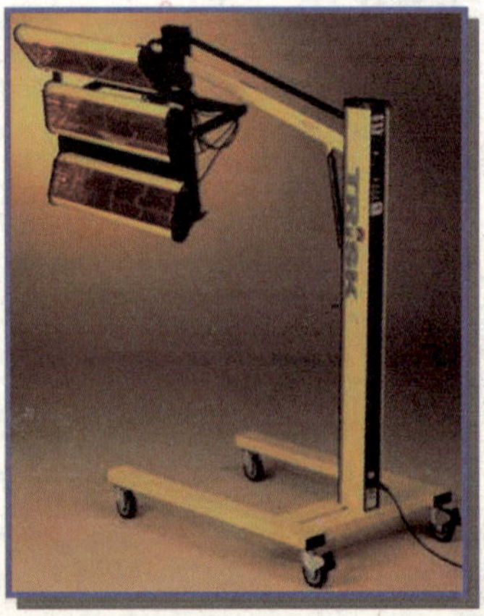	11. 短波红外线烤灯烘烤 15 min 左右，烤干中涂底漆

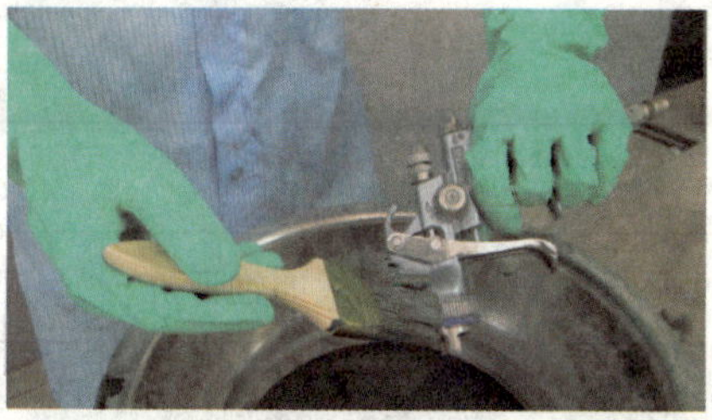 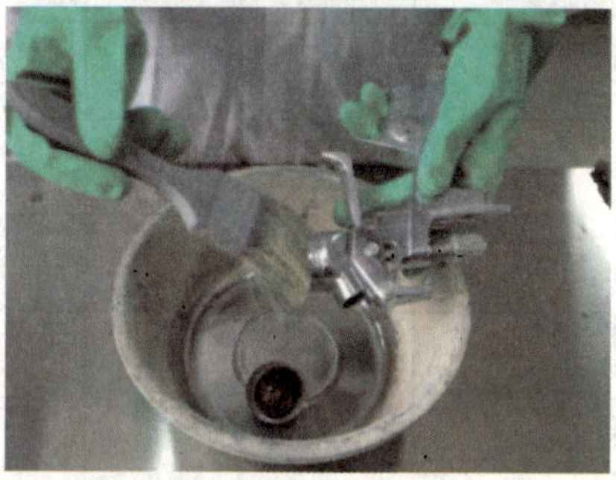	12. 整理工作 (1)整理喷漆房。收起管路,清除试枪纸等。 (2)清洗喷壶、喷枪。 提示:剩余的中涂底漆料、清洗喷壶和喷枪的涂料务必按环境保护要求回收,不可随便倾倒。

任务检测

一、选择题

1. 对遮蔽胶带的要求,描述不正确的是(　　)。

A. 要能耐60 ~ 80 ℃的高温

B. 能抗溶剂

C. 耐磨

2. 目前中涂底漆或自流平中涂底漆的灰度数量有(　　)。

A. 3个　　B. 5个　　C. 7个

3. 如果喷涂双工序金属漆,中涂底漆的最后打磨需要使用的砂纸型号是(　　)。

A. P320　　B. P400　　C. P500

4. 关于反向遮蔽的目的,下列描述正确的是(　　)。

A. 最大限度地减小喷漆界限　　B. 易于揭掉遮盖物　　C. 防止喷涂台阶

二、判断题

1. 中涂底漆喷涂需使用喷枪口径为1.3~1.6 mm的喷枪。(　　)

2. 喷涂免磨中涂底漆的时候,喷涂的气压需要略低于普通的中涂底漆。(　　)

3. 单组分底漆可以喷涂在塑料保险杠上。(　　)

4. 喷涂时,喷枪需要与工件表面保持垂直并保持合理距离。(　　)

任务评价

班级：		姓名：				
评价内容	过程性评价		终结性评价		持续发展性评价	评价人
知识评价						自评
						互评
						教师评价
						总评
技能评价						自评
						互评
						教师评价
						总评
情感评价						自评
						教师评价
						企业评价
						总评

任务拓展

中涂底漆的灰度及选配

由于所有的颜色都有灰度值，当中涂底漆颜色的灰度值与将要喷涂的面漆颜色的灰度值最为接近时，面漆最容易遮盖住中涂底漆，从而，减少面漆的使用量，缩短施工时间。所以，采用和面漆灰度值一致的中涂底漆十分重要，可以降低面漆成本和提高施工效率。下面以庞贝捷涂料（上海）有限公司使用的不同灰度的中涂底漆来说明。

一、灰度的调配

庞贝捷涂料（上海）有限公司开发了三种中涂底漆产品，相互之间按一定比例还可以调配出不同灰度的中涂底漆来使用。庞贝捷涂料（上海）有限公司开发了产品编号为P565-511、P565-510、P170-5670的三种中涂底漆，可以调配出SG01-SG07共7种灰度，见表3-1-4。

表3-1-4 7种灰度中涂底漆

产品编号	SG01	SG02	SG03	SG04	SG05	SG06	SG07
P565-511	100	95	80	50	0	0	0
P565-510	0	5	20	50	100	99	92
P170-5670	0	0	0	0	0	1	8

二、灰度的选用

涂料厂家一般在涂料编码中有表示灰度的编号,方便中涂底漆灰度的选用。一般在面漆颜色配方中提供了该颜色的灰度值,可依据面漆颜色灰度值选择使用对应灰度的中涂底漆。

任务二　中涂底漆打磨

任务目标

目标类型	目标要求
知识目标	(1)能理解中涂底漆打磨的作用 (2)能描述中涂底漆打磨设备、工具和材料的作用、类型和使用方法 (3)能描述中涂底漆打磨的方法 (4)能描述中涂底漆打磨质量要求
技能目标	(1)能熟练使用中涂底漆打磨设备、工具和材料 (2)能按照中涂底漆打磨流程熟练操作打磨作业 (3)能正确检查中涂底漆打磨效果
情感目标	(1)具有作业现场的“5S”习惯 (2)养成个人防护安全、环保观 (3)养成作业质量、效率观

任务描述

对已完成中涂底漆喷涂并干燥的车身修补板件进行打磨作业,形成平滑的面漆喷涂表面,用以保证附着力,为面漆效果打下基础。

任务准备

一、中涂底漆打磨的作用

中涂底漆喷涂、干燥后,一般要实施中涂底漆打磨作业。通过打磨形成清洁、平滑的面漆喷涂的板面,以保证和面漆层间良好的附着力,保证修补涂层的防腐能力,为面漆提供平滑的基础。

注意:如果是新换的板件,并采用免磨的中涂底漆可以不进行打磨作业。

二、中涂底漆打磨的设备、工具和材料

(一)中涂底漆打磨的设备、工具

根据面积大小,中涂底漆打磨一般是使用手磨板、垫板,全程手工打磨的方法,或者是找面之前用打磨机,之后用手工打磨的方法。中涂底漆打磨目前普遍采用干磨系统,可保证打磨效果和提高效率。如路贝斯干磨系统,采用偏心距为3 mm的双作用干磨机,一般配用中间软垫,主要用作板面区域的打磨。另外,手刨可以和P240、P320砂纸配合使用,主要用于中涂底漆流痕、流挂的处理和原子灰修补区的平整打磨。

(二)中涂底漆打磨的常用材料

(1)砂纸。干磨机磨头一般采用P400(单工序面漆或双工序纯色漆)、P500(双工序金属漆),而手刨多和P240、P320砂纸配合使用。

(2)精磨砂棉、灰色菜瓜布。主要采用P800、P1000精磨砂棉或灰色菜瓜布打磨边角等难以打磨的区域,确保面漆喷涂区域的彻底打磨。

(3)碳粉。主要用于打磨效果的显示作用,使用碳粉可以很简单地进行打磨确认,每次切换砂纸时都要进行。

三、中涂底漆打磨的方法

(一)中涂底漆打磨前的检查

(1)原子灰修补效果的检查。

(2)中涂底漆喷涂质量的检查。

(3)中涂底漆干燥状况的检查。

(二)中涂底漆的打磨

中涂底漆和填眼灰干燥后要进行打磨,促使表面平滑,保证面漆作业需要。打磨所使用的砂纸的番号,根据面漆使用的涂料和面漆工艺来决定。砂纸番号的切换原则是前一步打磨出现的磨痕,下一步用细的砂纸打磨,砂纸的番号不能跳跃2番号及以上。

注意:如果砂纸的番号跳跃2番号及以上,除去以前的深磨痕需要更多的时间,或残留深磨痕的可能性很高。

打磨作业一般分为粗打磨、找平面、精打磨(消除砂纸痕)3个环节。一般的施工工艺为:

(1)清洁除油。

(2)流痕、流挂的处理和原子灰修补区的平整打磨。

(3)干磨机磨头配合P400(单工序面漆或双工序纯色漆)、P500(双工序金属漆)砂纸打磨板面。

(4)精磨砂棉、灰色菜瓜布或P400、P500砂纸打磨板件边角。

(5)清洁除油。

(三)中涂底漆打磨质量检查及缺陷处理

打磨后必须进行打磨质量的确认检查，主要包括以下内容：

(1)要求打磨彻底无“橘纹”，打磨面平滑且边缘呈羽状、无台阶。

(2)没有明显砂纸痕、划痕和砂眼。

(3)底层或泥子、金属钢板未有露出。

(4)边角平滑、整形效果好。

注意：如果中涂底漆喷涂质量、打磨质量差，必须进行合理的返工作业。如果泥子、钢板有露出的话，需要清洁除油后，重新喷涂中涂底漆，重新打磨。

任务实施

一、作业准备

	1. 整理工位
	2. 工具、材料准备 检查干磨机、磨头、手刨；准备砂纸、精磨砂棉、灰色菜瓜布、碳粉、除油剂、除油布、环氧底漆、磷化底漆、中涂底漆。
	3. 防护用品准备

二、操作步骤

	1. 穿戴防护用品
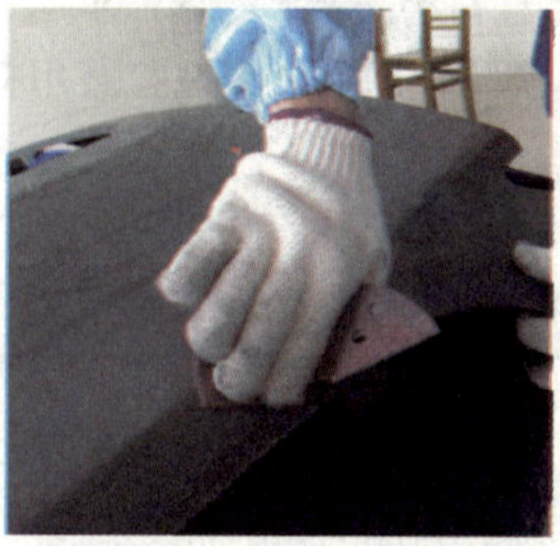	2. 打磨前的板件检查 (1)中涂底漆干燥状况的检查。用砂纸试磨板件检查是否完全干燥。 提示:如果中涂底漆干燥不充分,务必继续烘烤。
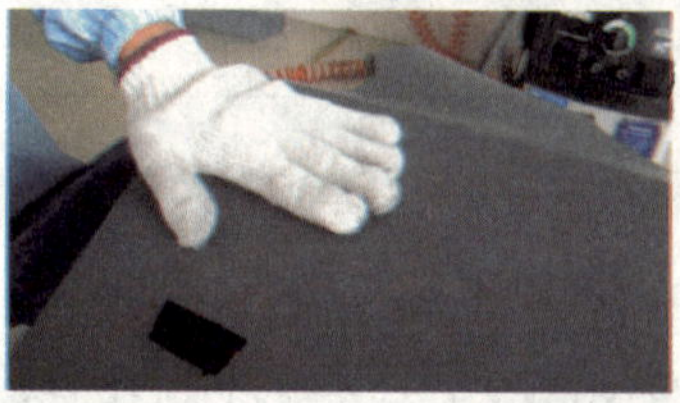	(2)检查原子灰修补效果和损伤状况。用眼观察或手摸的方法检查原子灰修补区域的恢复状况,检查板件表面有无明显损伤。 提示:如果原子灰修补区域难以恢复,或板面有明显的划伤、碰伤,务必返回到原子灰施工或重新喷涂中涂底漆工序。
	(3)中涂底漆喷涂质量的检查。用眼观察或手摸的方法检查底漆喷涂效果。 提示:如果中涂底漆喷涂过薄,均匀性差等,可考虑返回重新喷涂中涂底漆工序。

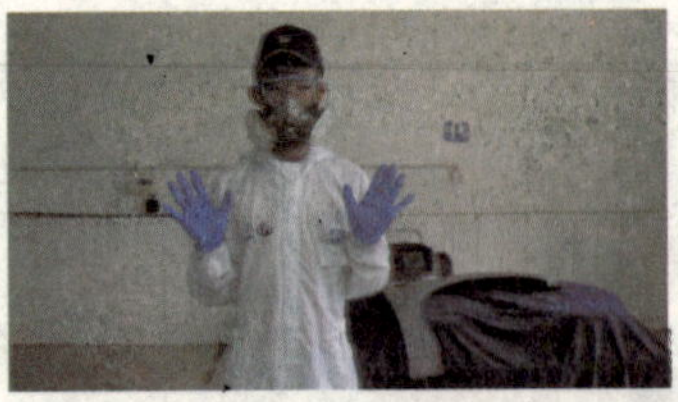	3. 中涂底漆的打磨 (1)清洁除油。 ①更换防护用品。穿戴除油用防毒面具、尼龙手套。
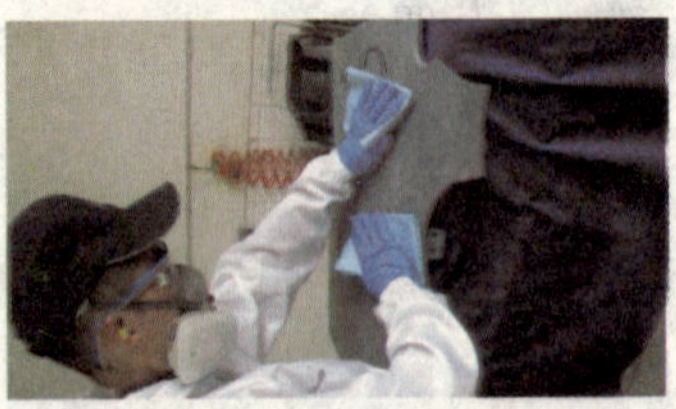	②干湿法除油。除掉板件表面的油污等杂物,便于砂纸打磨。 提示:要求除油彻底、清洁。
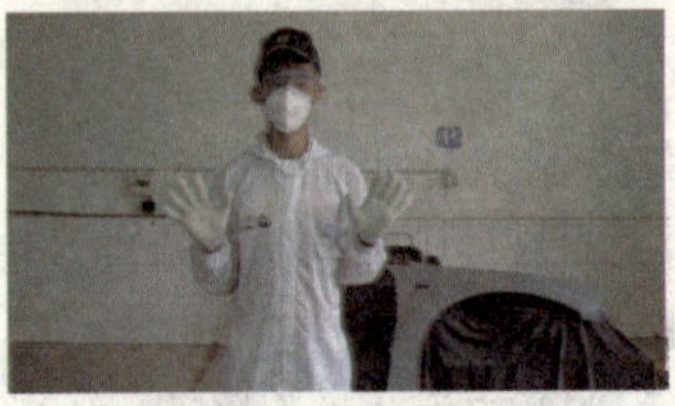	(2)手刨打磨。 ①更换防护用品。穿戴打磨用棉纱手套、防尘口罩。
	②涂碳粉。在板件表面均匀涂抹一层碳粉。
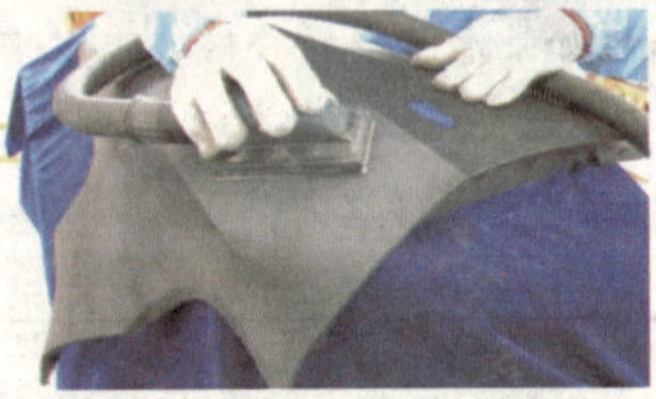	③打磨流痕、流挂。一般采用手刨配合P240或P320砂纸打磨至流痕、流挂消失。
	④原子灰修补区的平整打磨。一般采用手刨配合P240或P320砂纸打磨原子灰修补区至平整。

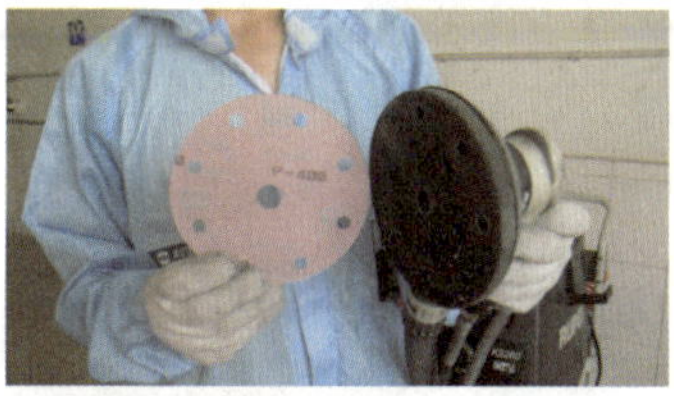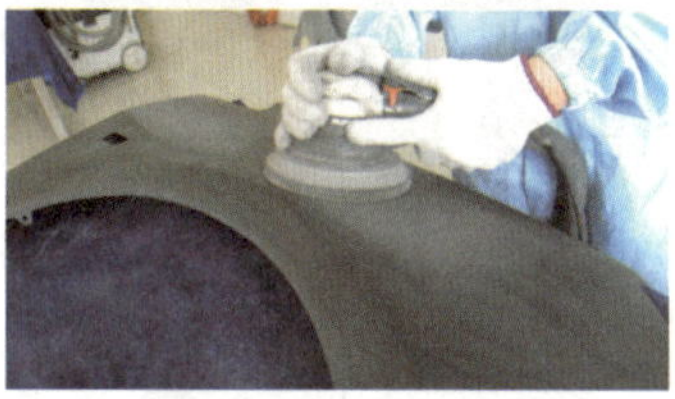	(3)干磨机打磨。 一般采用偏心距为3 mm的双作用干磨机，配以中间软垫和P400或P500砂纸打磨板面区域至平滑状态。
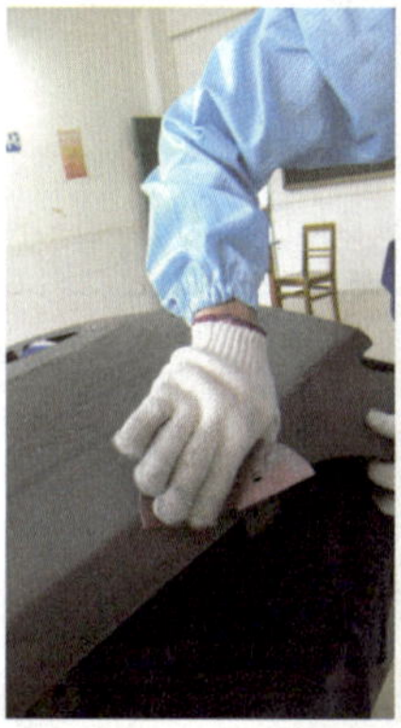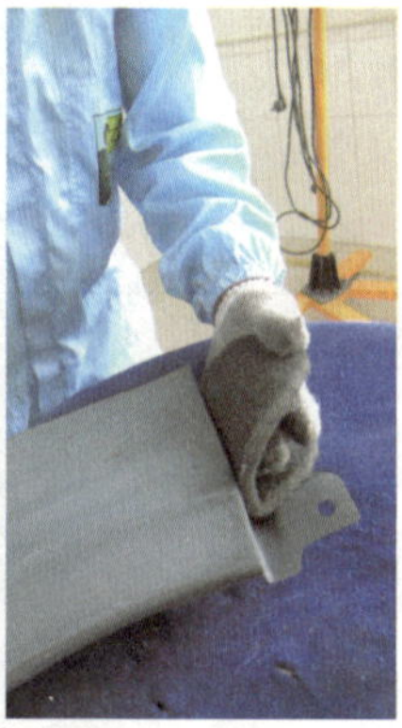	(4)边角处打磨。 一般采用精磨砂棉、灰色菜瓜布或P400、P500砂纸打磨板件边角，使难以打磨的地方全部光滑并具有光泽。
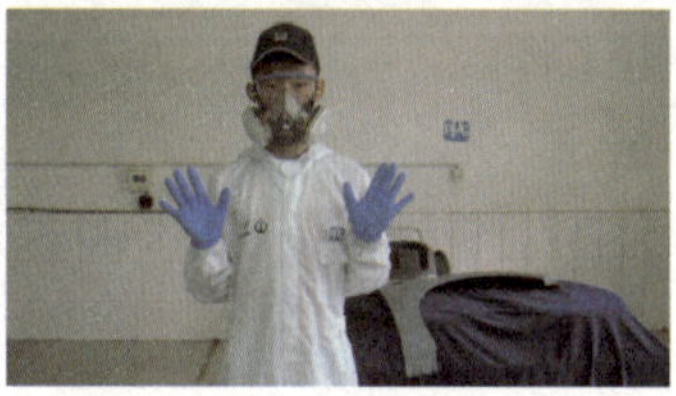	(5)清洁除油。 ①更换防护用品。穿戴除油用防毒面具、尼龙手套。
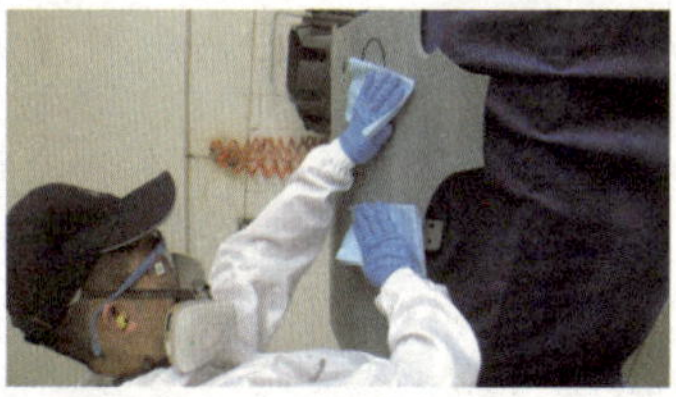	②干湿法除油。除掉打磨板件表面的尘粒、污物等，便于面漆喷涂。 提示：要求除油彻底、清洁。

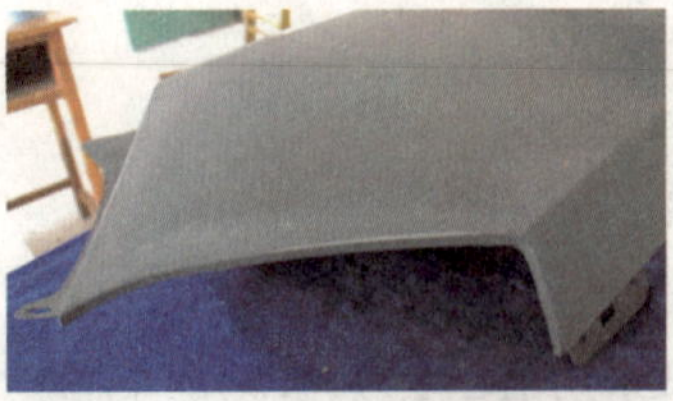 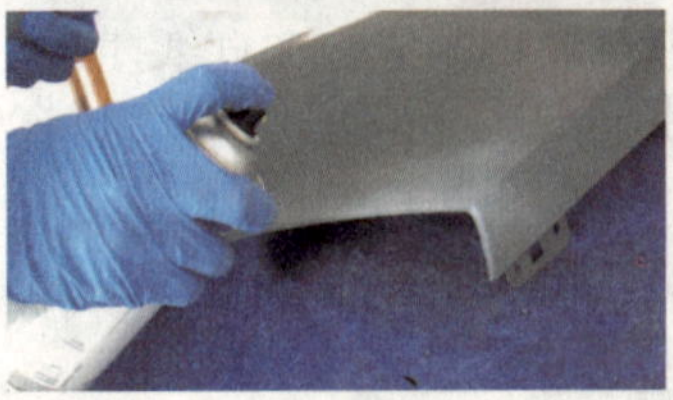	4. 中涂底漆打磨质量检查和处理
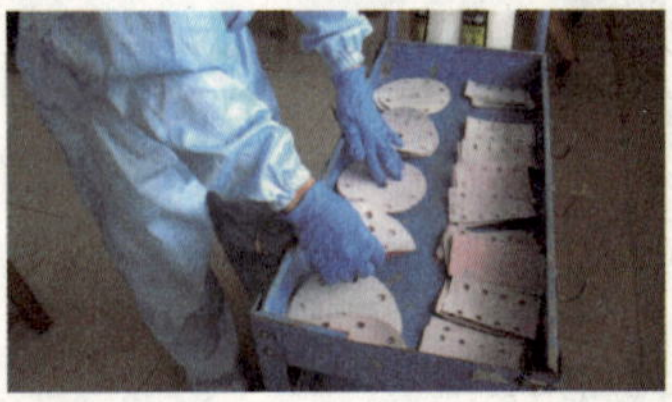	5. 整理

任务检测

一、选择题

1. 除油清洁时必须穿戴(　　)。

　A. 防护眼镜　　B. 耳塞　　C. 防静电工作服　　D. 防毒面具

2. 双工序金属漆的中涂底漆打磨应该选用的砂纸为(　　)。

　A. P240　　B. P320　　C. P400　　D. P500

二、判断题

1.中涂底漆打磨目前多采用干磨系列,以保证打磨效果、提高效率。(　　)

2.用细的砂纸打磨时,砂纸的番号不能跳跃2番号及以上。(　　)

3.中涂底漆打磨后可以不进行打磨质量的检查确认。(　　)

任务评价

班级：						姓名：
评价内容	过程性评价		终结性评价		持续发展性评价	评价人
知识评价						自评
						互评
						教师评价
						总评
技能评价						自评
						互评
						教师评价
						总评
情感评价						自评
						教师评价
						企业评价
						总评

任务拓展

免磨中涂底漆的使用

目前，为了缩短中涂底漆作业时间、减轻作业强度，一些油漆生产厂家开发了免磨中涂底漆产品，可以在喷涂后不需打磨，直接实施面漆喷涂作业。如PPG公司的AUTOCOLOR P565-777超能免磨底漆产品，属于2K免磨底漆，可以提供“湿碰湿”的快速喷涂工序，适用于裸金属、玻璃钢、聚酯原子灰、预涂底漆和良好的旧漆膜，一般喷1个双层或2个单层，静置15~20 min即可喷面漆，如静置时间超过30 min，则需完全干燥再打磨后才可以喷面漆。

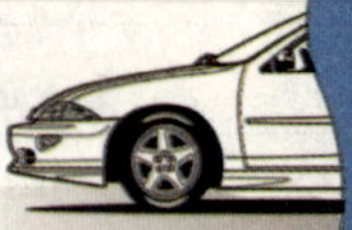

项目四　调色工艺

任　务　色漆调色

任务目标

目标类型	目标要求
知识目标	(1)能描述颜色的基本原理 (2)能描述调色的流程
技能目标	(1)能正确使用调色的设备、工具和材料 (2)能按照调色流程实施微调作业 (3)能正确判断色差
情感目标	(1)具有作业现场的“5S”习惯 (2)养成个人防护安全、环保观 (3)养成作业质量、效率观

任务描述

汽车车身颜色千差万别，在汽车修补涂装中需要调色作业。调色的技术对修补涂装的品质、作业效率将产生很大的影响。因此，首先需要理解颜色的本质，掌握观察、感知色彩的方法；其次要掌握色漆调配的流程和方法。

任务准备

一、颜色的基本原理

(一)颜色的概念

颜色是眼睛对光波传递的感知，即光线刺激眼睛所产生的视觉反应。当光照射在物体上，反射的光进入人眼，刺激视网膜后转换成信号，并通过视觉神经传递给大脑时就感觉到颜色。

1. **感觉颜色的三要素**

人们感觉颜色必须要具备三个要素，即眼睛、光源、物体。如图4-1-1所示。

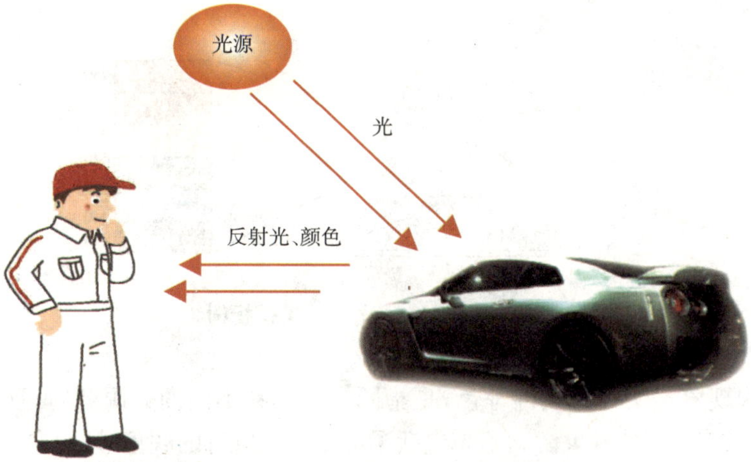

图4-1-1 感觉颜色的三要素

(1)眼睛。人的眼睛具有三种基本神经：感红、感绿、感蓝，并由此形成多种色感，感知不同的颜色。不同的光谱能引起三种视觉神经不同比例的兴奋，并形成信号传给大脑，而大脑将这些信号转换成色彩而让我们看见物体的颜色。不同人的眼睛对颜色的感受灵敏度存在差异，如有的人感受的颜色会偏红，有的人感受的颜色会偏蓝。另外，年龄越大其颜色辨识能力会下降；存在色觉缺陷的人，其颜色辨识能力会很差，甚至无法辨识。

(2)光源。在完全没有光的黑暗处，是不能感觉到颜色的。因此，光是颜色感知的必要条件。常见的光源有太阳光、白炽灯、荧光灯。

太阳光是一种电磁辐射，由不同波长的电磁波组成。人的眼睛能看到(感觉到)的是380～780 nm波长范围的光，称为可见光谱。其他为不可视光线的波长范围，比380 nm短的波长称为紫外线，漆膜的劣化及褪色的原因主要是受到了紫外线的影响；比780 nm长的波称为红外线，更长的波长称为远红外线，这些也叫作热线，可以作为干燥或暖气机器等的热源而被利用。如图4-1-2所示。

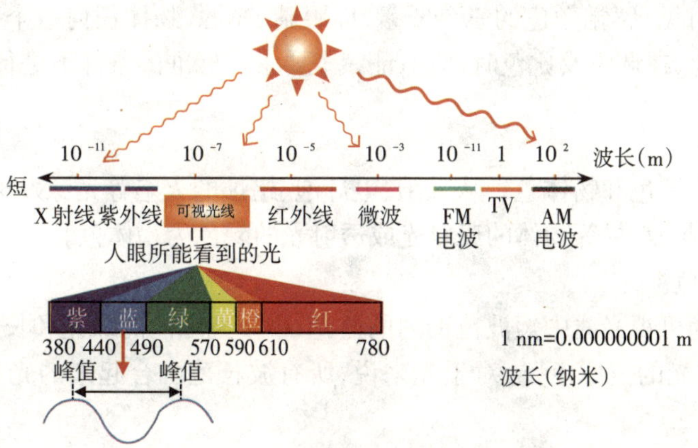

图4-1-2 太阳光的可见光谱

太阳的可视光线看上去是白色，但实际上通过三棱镜折射，表现出从红到紫的颜色的可见光谱，如图4-1-3所示。

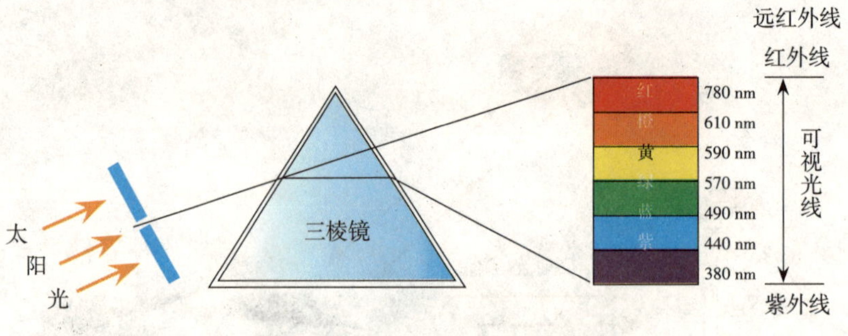

图4-1-3 太阳光的三棱镜折射

颜色异构现象。又称为条件等色，是指同一物体在不同的光源照射下（如太阳光和灯光）颜色产生一定差别的现象。太阳光包括了可见光谱所有的颜色带，而白炽灯放射出的红黄色部分的光量比太阳光放射出的红黄色部分的光量要多，荧光灯放射出的蓝色部分的光量比太阳光放射出的蓝色部分的光量要多，这就导致物体在不同光源照射下产生颜色的差异，如在太阳光下看起来是红色的物体，放到白炽灯下会看起来呈橙色，原因是物体的红色会与白炽灯放射出的红黄色光叠加形成橙色；又如在室外看起来是相同的颜色，在室内看起来却是不同的颜色。颜色异构现象的本质是光源的影响，但也和色母的选用有关，因此在调色时尽量选用配方中的色母。

调色光源的选择。一般选用自然光线进行调色，如自然光线不佳则可选用标准光源对色灯箱，其中的D65国际标准人工日光是最接近自然光的人工光源。

（3）观察对象（物体）。物体对照射到表面的光线有反射、吸收、折射三种情况。反射就是光线被物体表面反射，物体的颜色就是由其反射光的颜色决定，即物体的颜色就是其反射光色。吸收就是光线被物体吸收。当发生全反射时物体呈白色；当发生全吸收时物体呈黑色；当发生部分反射部分吸收时呈反射光不同波长对应的颜色。而折射是指光线穿过物体时，穿过物体的光线会发生变化，会形成多层折射、多层反射。如珍珠颜料可以直接反射，也可在各层折射后再反射形成多层反射，从而使颜色显得透明多变。

由以上分析可见，感觉颜色的三个要素，即眼睛、光源、物体任何一个发生变化，颜色也会随之改变。因此，在调色及比色时，应保证三个要素在标准的条件下进行。

2. 颜色的分类

颜色可分为光源色和物体色。从太阳、电灯泡、蜡烛的火焰等光源发出的光的颜色为光源色，涂料、涂膜、花、水果等物体的反射光或透射光的颜色为物体色。

（1）光的三原色。

光的原色分为可视光线中短波范围内的蓝光、中波范围内的绿光和长波范围内的红光，这三种颜色称为“光的三原色”。对于光来说，所有波长范围合起来的光看起来是白色的。如图4-1-4所示。

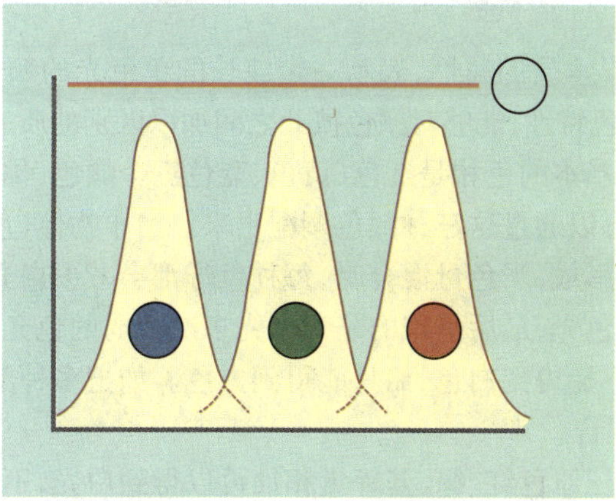

图4-1-4 光的三原色

(2)颜色的三原色。

把油漆等颜色材料的红、黄、蓝三种颜色按照适当比例混合的话,基本上能得到所有的颜色。因此,把红、黄、蓝三个颜色称为颜色的三原色。三原色等比例混合则变成黑色。如图4-1-5所示。

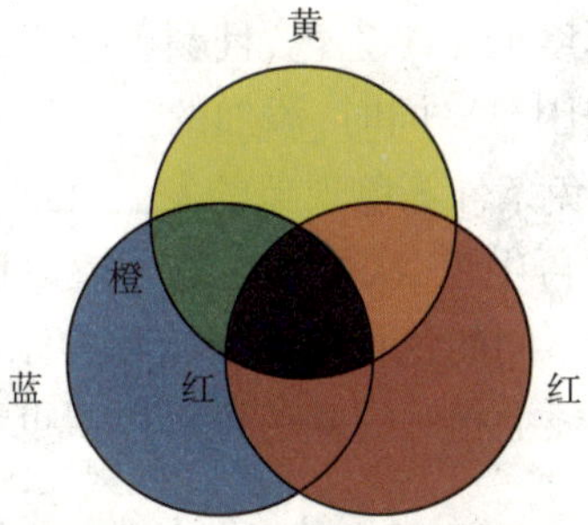

图4-1-5 颜色的三原色

(3)色彩的分类。

色彩的颜色可以区分为有彩色和无彩色。红色、蓝色、黄色等色彩称为有彩色;白色、灰色、黑色等色彩称为无彩色。

3. 颜色的三属性

为了准确地描述颜色,应从颜色的色相、明度、彩度这三个基本属性来确定。如图4-1-6所示。

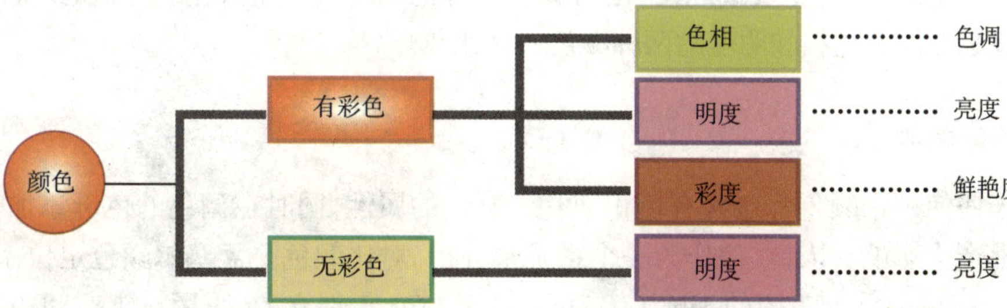

图4-1-6 颜色的三属性

(1)色相。

也称为色调，是色彩本质的属性，表示一定波长的单色光的颜色特征。彩色的红、蓝、绿、黄、紫具有各自的颜色特性，能够对颜色彼此之间加以区别的质的特征，就称为色相。

减色混合。物体最基本的色相是红色、黄色、蓝色三个颜色，称为颜色的三原色。从理论而言，所有的颜色都可以通过这三种颜色调配出来。由于物体（色母）的颜色是因为吸收了白光中的一些色光而形成，当色母混合时，每种色母都会减去白光中的一些色光，混合后也会减去白光中的一些色光，最后呈现的是对白光多次减弱的色光。如把红色、黄色、蓝色三个颜色等量混合，将不能得到白色，而只能得到黑色。如把多种颜料混合起来，颜色会越来越灰暗，这就是减色混合。

加色混合。将光的三原色红、绿、蓝等量相加可以得到白光，不同的单色光能得到其他颜色的光线，且光线会变亮，这就是加色混合。加色混合广泛运用在主动发光的电视机、监视器等产品上。

原色、再生色、次再生色。物体的红色、黄色、蓝色称为颜色的三原色。把红色、黄色、蓝色中的任意两色混合后得到的第三种颜色叫再生色，如红色+黄色=橙色、黄色+蓝色=绿色、红色+蓝色=紫色。把任意两个再生色混合就会得到次再生色，以此类推，如紫色+绿色=橄榄色、紫色+橙色=铁锈色、绿色+橙色=香橼色等。由于减色混合的原因，再生色的彩度低于原色，次再生色的彩度低于再生色，且颜色越来越深。所以，调色时将颜色由鲜艳向浑浊调整容易，相反则十分困难。同时，添加的色母种类越多颜色越浑浊，所以调色时尽量使用配方中的色母，可以避免条件等色现象的发生，也可以防止颜色浑浊的出现。

色环图。根据颜色的原色、再生色、次再生色的形成原理，把显著不同的色相按变化排成的圆环就是色环图，用来表示不同的色相。由于减色的原因，色环上相对的颜色相加就得到灰色。因此，在调色中添加色环上相对的颜色色母须慎重。

(2)明度。

又称为亮度、明暗度和深浅度等，是有彩色、无彩色共同具有的性质。明度能反映光的反射值的大小，即反射光与入射光之比，比值越大表示颜色越浅，反之越深。如将灭火器的红色与红豆的红色相比较，可以发现灭火器的颜色较明亮而红豆的颜色较暗。同一色相有不同的明度，如深绿、浅绿、暗绿；不同色相也有不同的明度，一般黄色最亮，红、绿中等，紫色最深。

明度常采用黑白轴表示，越接近白色明度越高，越接近黑色明度越低。在调色中常使用黑色或白色来调整颜色的明度，其调整的效果最明显。

(3)彩度。

又称为饱和度、鲜艳度或纯度，是指颜色的鲜艳程度。常用鲜艳或黯淡、鲜亮或浑浊表达。一般是在同一色相和明度的两种颜色才好比较。

(二)颜色的表示方法

由于任何一个颜色都包含有色相、明度、彩度的属性，同时在调色的色母添加时都会对三个属性产生影响。因此，应作为一个系统来分析、对比颜色。孟塞尔颜色定位系统(Munsell Color System)是由美国的Albert H. Munsell于1898年创立的，采用三维空间描述所有颜色的系统，如图4-1-7所示。

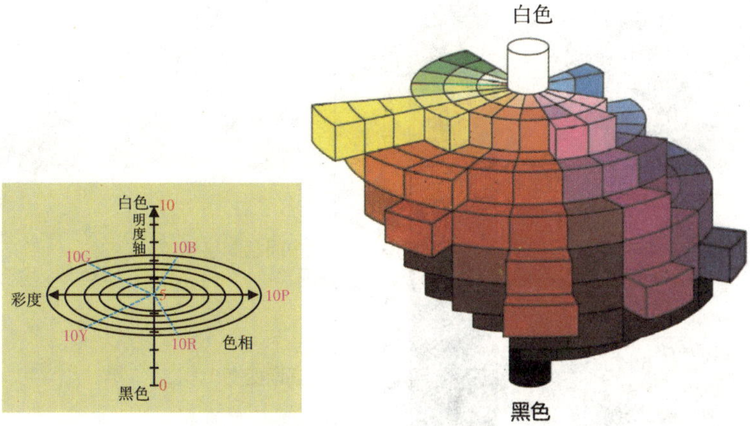

图4-1-7 孟塞尔颜色定位系统

1. **色相的表示**

孟塞尔颜色立体锥图的经度代表色相，在圆周方向把所有的色彩分为5个主色调：红(R)、黄(Y)、绿(G)、蓝(B)、紫(P)，然后在5个主色中加上各自的中间色：橙(YR)、黄绿(GY)、青(BG)、蓝紫(PB)、紫红(RP)，将这10个色相配置成环状形成色相环，用字母表示。再将各个色相10等分，用数字0~10表示(其中5为标准色调，如5R表示标准红色调)，共区分为100个色相。把无彩色的黑、白、灰统一为N表示。如图4-1-8所示。

符号……色相名称
R ………红
YR ……黄红(橙)
Y ………黄
GY ……黄绿
G ………绿
BG ……蓝绿
B ………蓝
PB ……蓝紫
P ………紫
RP ……紫红
N ………黑、白、灰

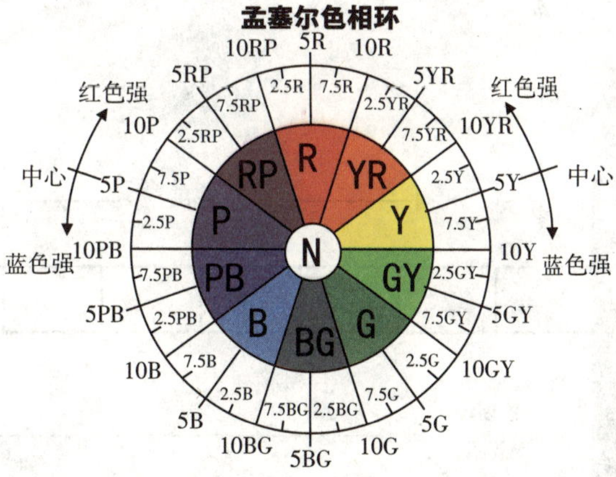

图4-1-8 孟塞尔色相环

2. **明度的表示**

孟塞尔颜色立体锥图的中间轴代表明度，10等分表示11级，越往上越亮，越往下越暗，把最暗的颜色黑色作为0、最亮的颜色白色作为10，中间表示灰色。如图4-1-9所示。

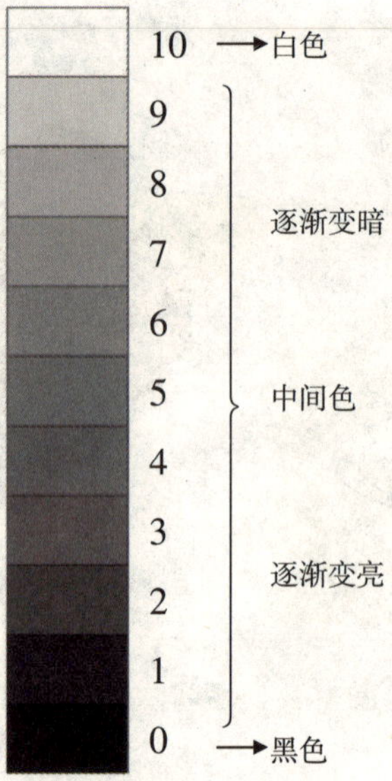

图4-1-9 孟塞尔系统的明度表示

3. 彩度的表示

彩度以色相环的轴(无彩色)为起点,向外侧从0开始依次表示为1、2、3、4、5…,越向外侧颜色变得越鲜艳。另外,无彩色用N表示。如图4-1-10所示。

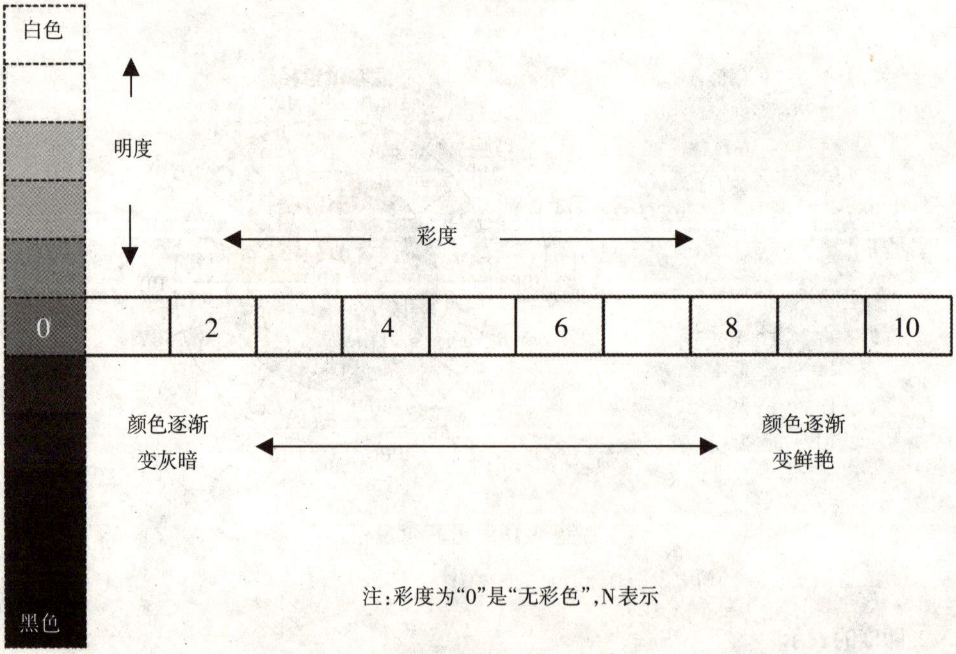

图4-1-10 孟塞尔系统的彩度表示

4. **颜色的表示方法**

孟塞尔的颜色定位系统采用有彩色按色相、明度、彩度的顺序表示，第1位代表色调的数值、第2位代表色调的颜色字母、第3位代表明度的数值、第4位代表彩度的数值，一般在第3位与第4位之间用“／”分开，如“6RP4／12”表示彩度12、明度4的纯红紫色(6RP)。无彩色用N表示，如“N0／”代表黑色，“N10／”代表白色，“N5／”代表中灰色。

注意：互补色。在色相环上位置正相对(对角线上)的两个颜色互为互补色关系。红色和蓝绿色、黄色和蓝紫色等互补色以适当的比例混合，会变成无彩色，如图4-1-11所示。如想减弱色相的话，可通过互补色关系，添加少量的互补色效果就比较明显。但是，如互补色过量添加，则彩色就会降低，颜色就不鲜艳，难以再现原色。所以，调色作业时要注意控制互补色的添加，不能多用。

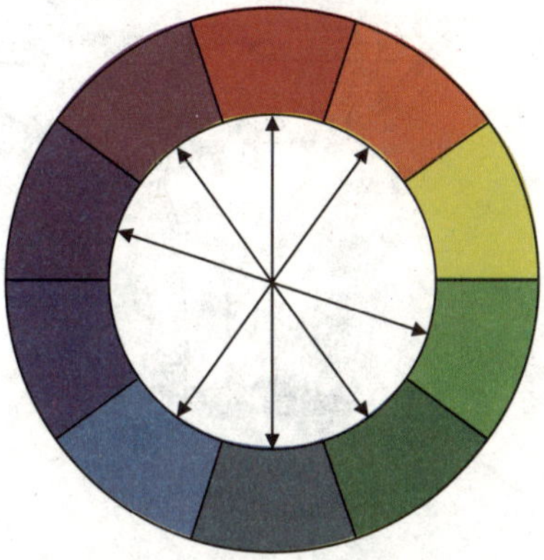

图4-1-11 互补色关系

(三)比色方法

对两种颜色(车体和调色喷板的颜色)的差异进行比较，称为比色。比色常用目视法和仪器测量法，在汽车维修涂装中多用目视进行判断。进行比色时，应考虑以下几方面。

1. **比色光源**

由于汽车在太阳、荧光灯、水银灯等各种光源下行驶，因此，无论是在何种光源下，修补的颜色都应该与之正确对应。所以，在调色时需要在各种光源下进行比色。

2. **比色的角度和距离**

对比颜色时，只从某一个角度观察是不充分的。特别是金属色和珍珠色等颜色，观察角度不同，颜色的变化和感觉也会不同，因此需要变换角度进行比色。比色的角度一般有正面(90°)观察、正反射(45°)方向、侧面透视(15°)方向观察，如图4-1-12所示。不要一直近距离观察，有时要离开2～3 m距离再判断。

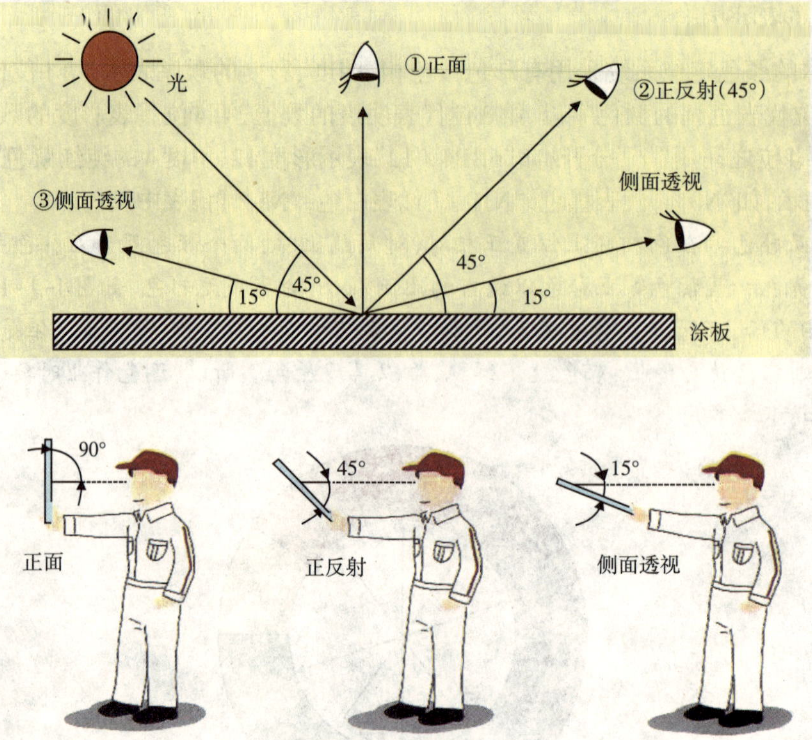

图4-1-12 比色的角度

二、调色流程

汽车有各种颜色，其车身颜色是由几种原色混合调制而形成(原色是指使用一种颜料的涂料)。为了修补涂装成与原车一致的颜色，需将两种以上的原色混合调配成所需目标颜色的方法就称为调色。

汽车生产厂家对各种车色编制了色号，对所有色号也编制了修补的颜色配方。由于生产厂家的涂料、工艺、条件等不同会导致颜色的差异，汽车使用环境、时间等状况的不同也会导致颜色的差异。所以，在修补涂装中需要对面漆颜色实施微调，保证与原车颜色的一致。

调色作业时需要易于进行调色、比色、试涂操作的环境条件。需要有包括自然光入射的明亮空间；环境周围的颜色亮淡无彩色；应有比色箱、烤箱、喷涂装置等设备便于调色等。

严格的调色流程是颜色调配准确、提高工作效率的基础。如图4-1-13所示。具体的流程说明如下：

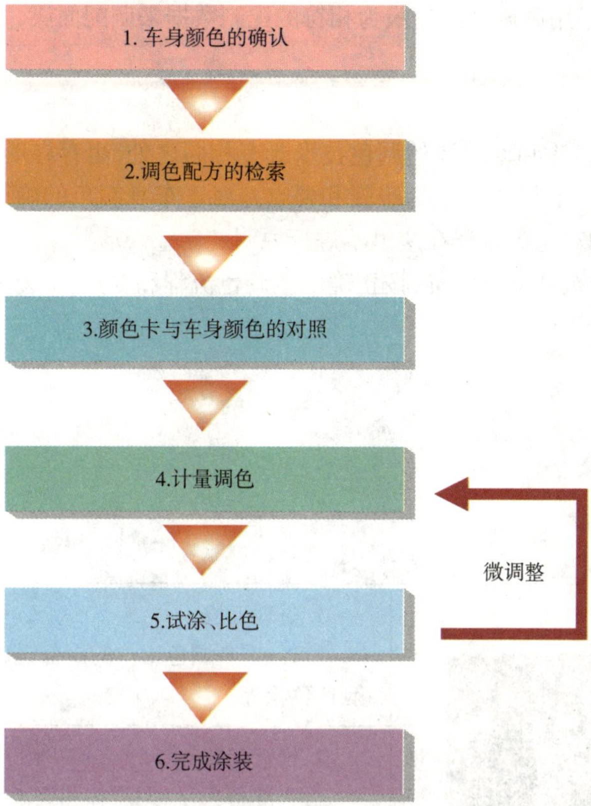

图4-1-13 调色流程

(1)车身颜色的确认。通过汽车车身颜色代码标示部位,查找颜色代码。不同汽车的颜色代码标示部位不同。

(2)调色配方的检索。可通过使用颜色信息等搜索颜色样本和调色数据。如存在无颜色信息的情况,只要明确是没有改变涂膜的新车涂膜时,可利用互联网和传真服务、电话服务寻找颜色配制数据。

(3)颜色卡和车身颜色的对比。确认颜色卡和维修部位周围的色差。如有实车颜色则选择底色、方向性等最佳的颜色,如没有色样仅知道调色数据则应做少量预调色,试喷涂制作色样,然后进行颜色对比。

(4)计量调色。与实车对比后,发现色彩、颜色的浓淡度、方向性等没有什么差异时,应按照配制数据进行调色。色差大时则要按照色差预先增减原色的量进行调色。

(5)试涂、比色。按照同实际喷漆维修时相同的条件进行试涂。特别注意珍珠色和金属色的涂料会因为条件变化,颜色也会发生变化的特点。要在各种光源下从不同的角度对已充分干燥的涂板与车身颜色进行对比,比较色差、方向性,以及金属和珍珠粒子的粗糙度、发光度等。

注意:如果是已进行清漆喷涂的涂膜,比色用涂板也一定要涂装清漆层。简易的方法是利用颜色确认喷雾剂(溶剂型)润湿表面,进行颜色对比。

(6)微调。原则上应使用少量的采集配制数据时所使用的原色,反复进行试涂、对比、微调颜色,直到颜色相符。

(7)实施涂装。采用微调后颜色最为相符的配制数据来调配面漆,实施面漆的喷涂。

三、调色要点

由于纯色漆、银粉漆和珍珠漆的调色技术既有相同之处,也存在明显的不同,下面就以水性底色漆的微调为例,说明调色的步骤和要点。对于车身颜色的确认、调色配方的检索、颜色卡和车身颜色的对比等流程在这里不进行说明。

任务设计以标准板和配方为准,按正确的微调色流程和要点,对差异色进行微调。具体要点以“任务实施”作为说明。

任务实施

一、作业准备

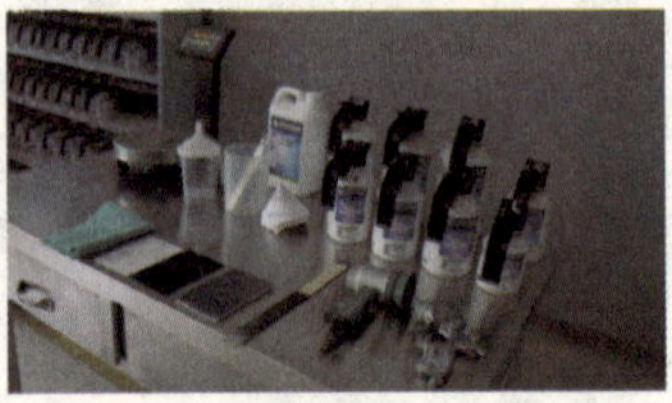	1. 整理工位 整理、准备调色工位的设备,包括工作台、电子秤、烤箱、比色箱等。
	2. 检查和准备 检查准备色母、调漆杯和调漆尺,过滤网与喷壶,标准板与试喷板,喷枪与吹风枪等。
	3. 调色防护用品准备

二、操作步骤

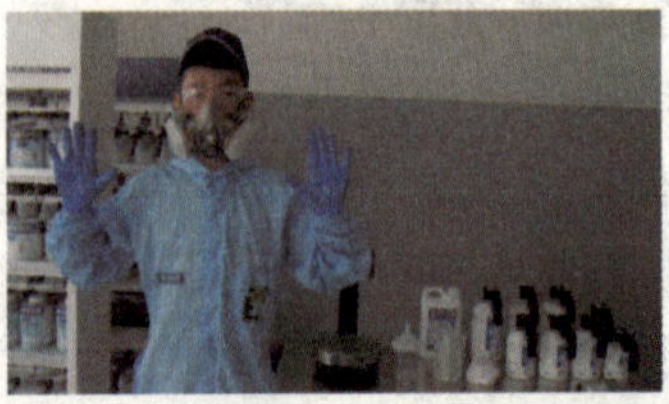	1. 穿戴调色防护用品
	2. 喷制差异板 (1)调配差异色。 按照配方,添加色母,配制差异色200 g。 ①检查电子秤,调整电子秤归为“0”。

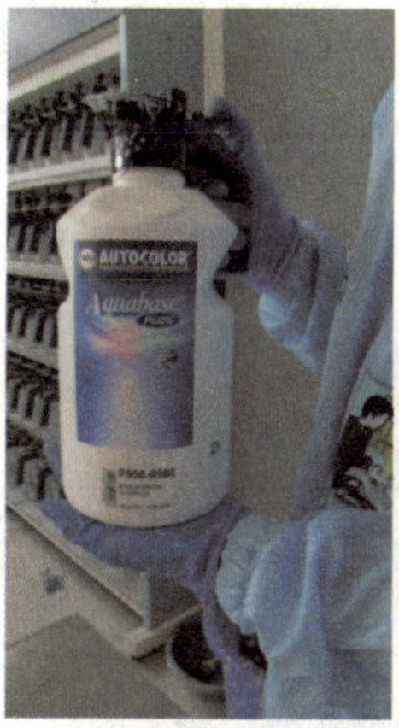 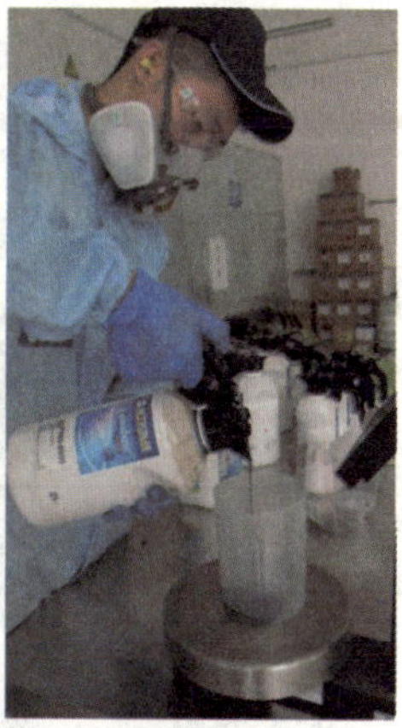	②按照配方，逐一添加色母。
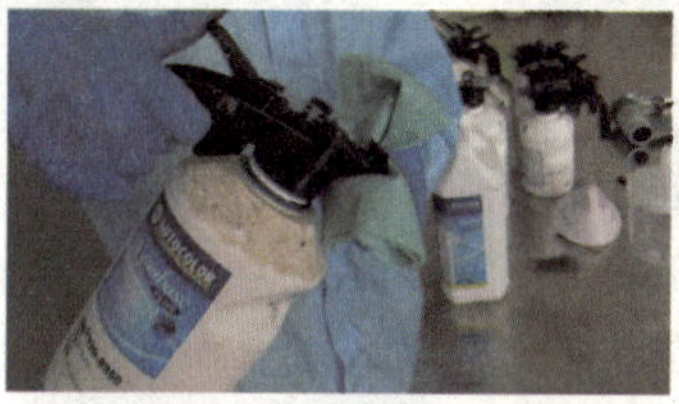	③清洁色母罐嘴。
	④搅拌色母至均匀。
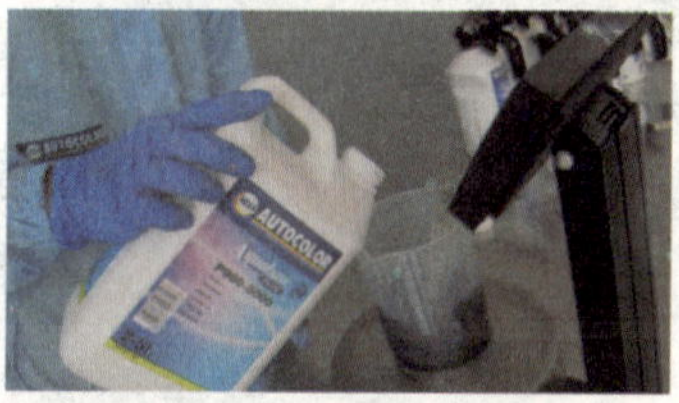	⑤取出50 g差异色，添加水性稀释剂（10%~15%）。
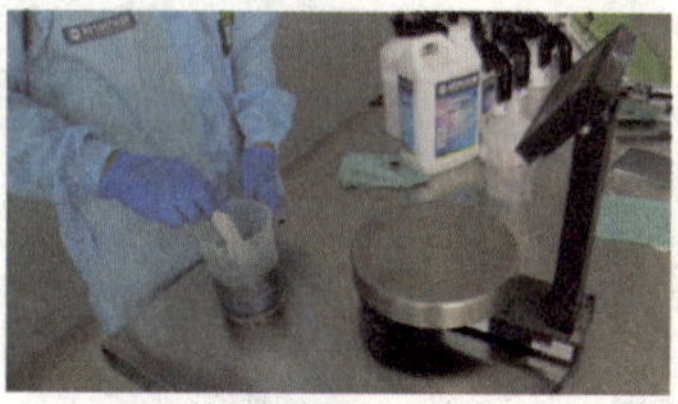	⑥搅拌均匀。
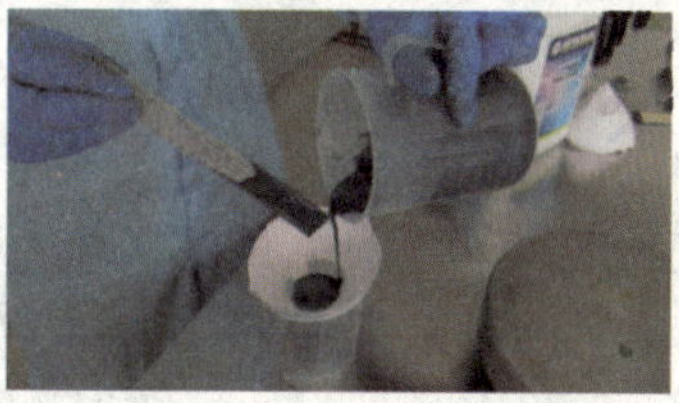	⑦用水性专用过滤网过滤。

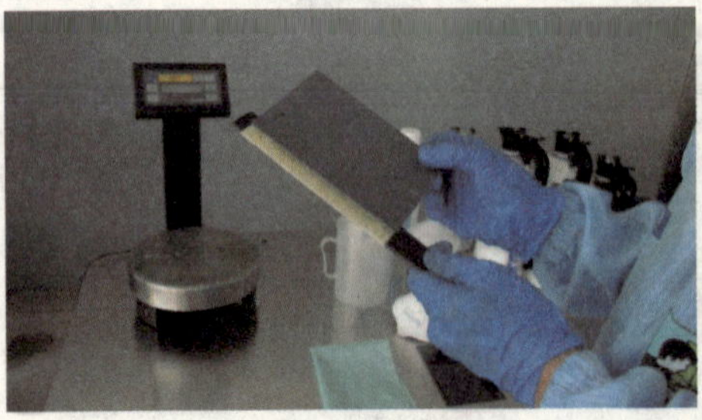	(2)试喷板准备。 ①用胶带把试喷板粘固在长的调漆尺上，方便喷涂。
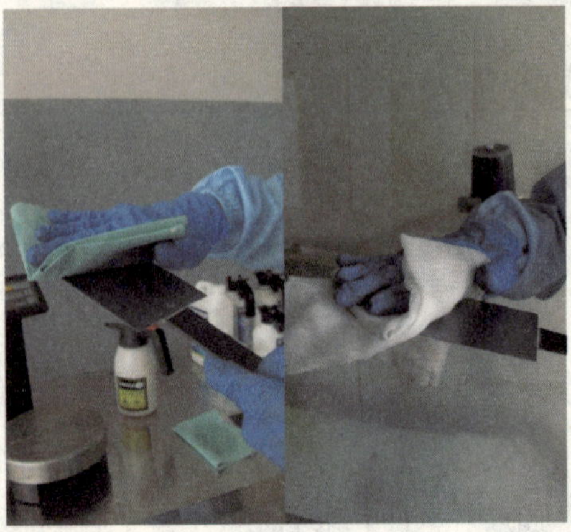	②先用水性除油剂后用油性除油剂，并采用干湿法除油，然后粘尘 。
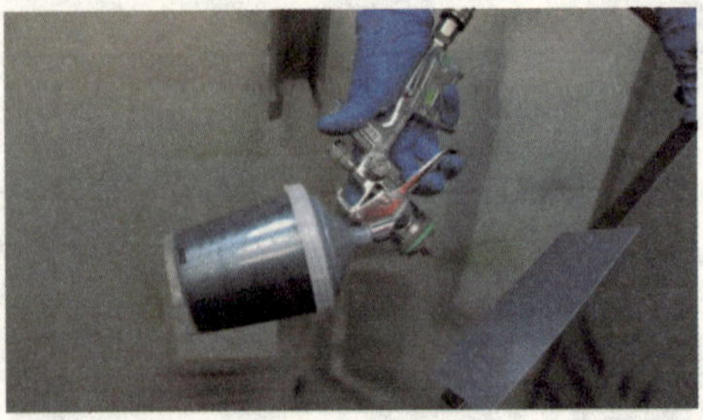	(3)喷涂试喷板水性底色漆1个双层。
 	(4)采用专用吹风枪吹干后，再雾喷一层。

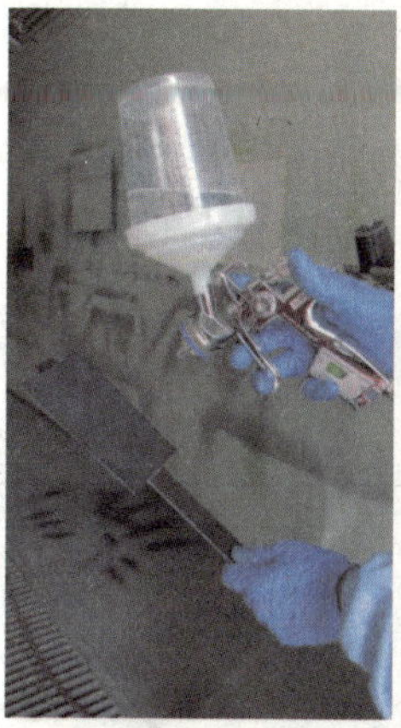 	（5）按厂家要求调配清漆，在底色漆完全干燥后喷涂清漆2层，先按1/2重叠法喷第一层，闪干5～10 min；后按3/4重叠法喷第二层。也可用自喷罐清漆喷涂清漆。
	（6）烘干清漆。在烤箱里烘烤至完全干燥。
	3. 比色，确定差异色母 （1）选用比色箱的D65比色，用标准板与试喷板进行对比。
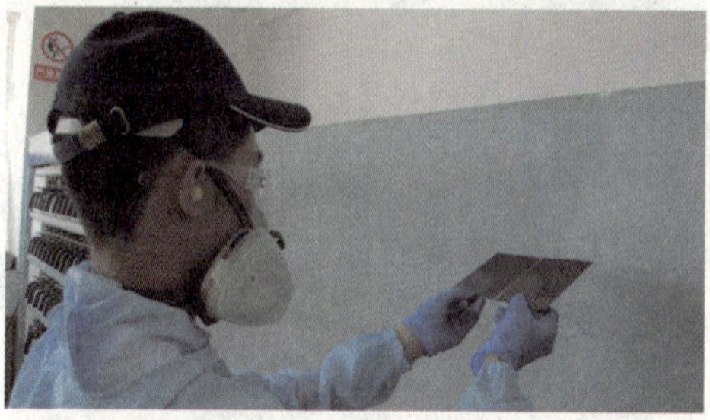	（2）在自然光下比色，用标准板与试喷板进行对比。
	4.添加差异色母，喷制试喷板 重复2的（1）～（6）步骤。先在已调配好的200 g底色漆中取出50 g，再在50 g底色漆中添加少量差异色母喷制试喷板。

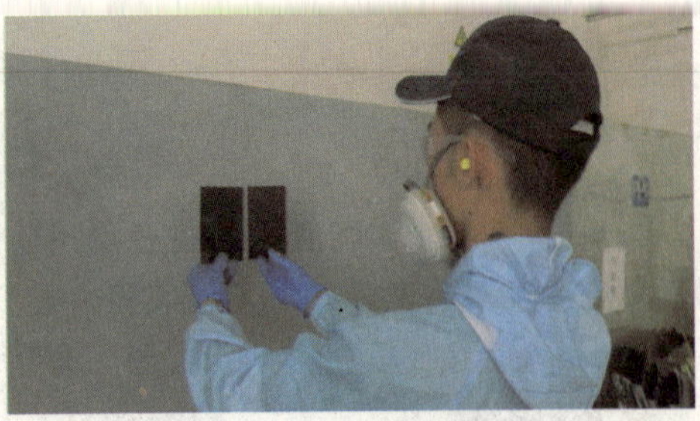	5. 比色，调整差异色母用量 重复2、3步骤，直至和标准板在不同角度的颜色一致。
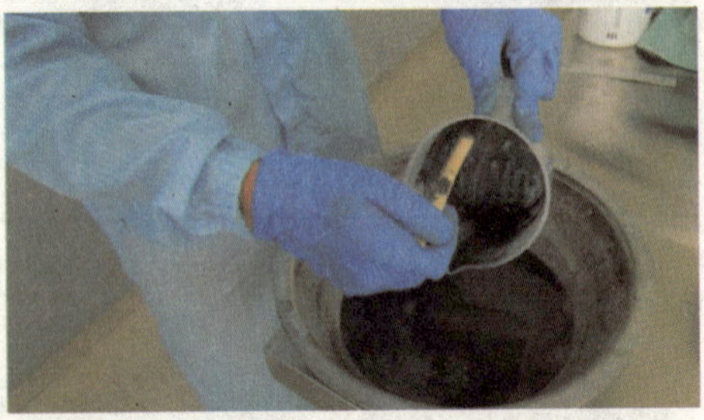 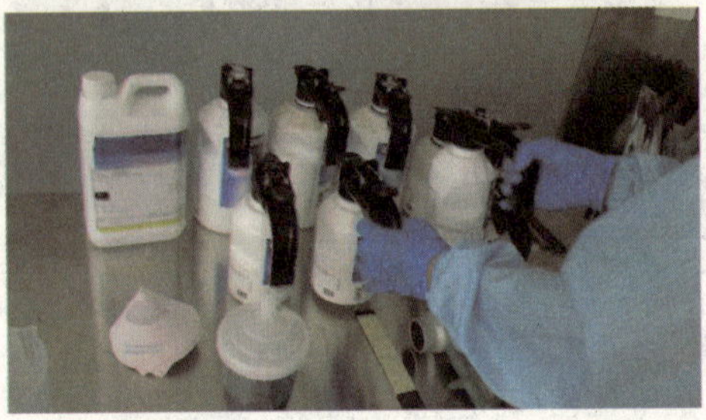	6.清洁、整理 (1)清洗喷枪、枪壶、调漆尺等。 提示：须更换防溶剂手套。 (2)清洁整理电子秤、烤箱、烤房、比色箱等。 (3)清洁、整理工作台，整理色母罐等。

任务检测

一、选择题

1. 根据孟塞尔颜色定位系统，以下说法正确的有（　　）。

A. 颜色从色轮外圈向内移动，彩度增加

B. 色调只可沿着色轮向左右两侧移动，即红色只可能偏黄或偏蓝，而不可能偏绿

C. 色轮上两个相对色调的颜色混合，颜色变浊、变黑

D. 颜色越向上，亮度越高

2. 物体的三原色是（　　）。

A. 红色　　B. 黄色　　C. 绿色　　D. 蓝色

3. 素色漆调色可以用漆尺拉湿涂料与车身比色，湿态的素色漆与样板相比（　　）。

A. 更鲜艳些　　B. 更暗淡些　　C. 更深些　　D. 更浅些

4. 影响涂料颜色的因素包括（　　）。

A. 施工条件　　B. 喷涂手法　　C. 喷漆房风速　　D. 喷枪

5. 导致色差的原因有（　　）。

A. 调配色漆前没有充分搅拌色母，色母罐内颜料分布不均匀

B. 调配油漆的量小于该配方所规定的最小调配量

C. 喷涂色板时，没有将比色板固定，由喷涂车辆的技师按照喷涂车辆的手法喷涂，而是拿在手中随意喷涂

D. 能在板块内过渡修补的颜色，却将色漆整板喷涂

二、判断题

1. 调色、喷涂、抛光时可以使用乳胶手套。（　　）
2. 红、黄、蓝颜料等量混合起来可得到白色。（　　）
3. 颜料调色的过程是加色混合。（　　）
4. 调色时，颜色由鲜艳向浑浊调整相对比较容易。（　　）

任务评价

班级：		姓名：				
评价内容	过程性评价		终结性评价		持续发展性评价	评价人
知识评价						自评
						互评
						教师评价
						总评
技能评价						自评
						互评
						教师评价
						总评
情感评价						自评
						教师评价
						企业评价
						总评

任务拓展

调色形成色差的因素

往往有许多因素会造成调色过程发现色差，导致调色困难，费工费时。因此，完全有必要了解这些影响因素和特点，避免对调色造成色差。

一、刮涂和喷涂的因素

在微调颜色时，常利用刮涂方式进行颜色对比，并最终完成与实际进行喷漆维修时相同条件的喷涂颜色对比。一般纯色干燥时就会浮起变浓；金属色干燥时颜色会变淡，但金属浓色（如褐红色系列）也有颜色上升变浓的特点。

二、清漆喷涂的因素

由于纯色、金属色和珍珠色涂上清漆层后颜色会发生变化，故最终进行调色时一定要涂上清漆层后再进行颜色对比。特别要注意金属色在涂上清漆后，颜色会浮出表面、变成清澈的色调。见表4-1-1。

表4-1-1 清漆层对颜色的影响

颜色		清漆涂饰
纯色	一般颜色	涂的次数多时就会发黄
	黑色	横向水印状变白
金属及珍珠色	银金属色	横向水印状为白色、45° 时变暗
	着色金属（珍珠色）	明显泛黄、色彩鲜明

三、固化剂的因素

在双组分涂料中加入固化剂，一般情况下会出现比主剂原色变淡的趋势。最终的颜色确认一定要利用添加有规定量固化剂的涂料进行试涂。

四、干、湿涂层的影响

在调色的试涂、试喷时，干、湿涂层有明显的颜色差异。

1. **颜料密度的不同造成色差**

涂层中密度较高的如白色颜料容易下沉，密度较轻的黑色和蓝色的颜料会浮出表面，故颜色会变浓，如图4-1-14所示。因此，往往湿涂层的颜色稍浅，干燥后的干涂层的颜色稍深。

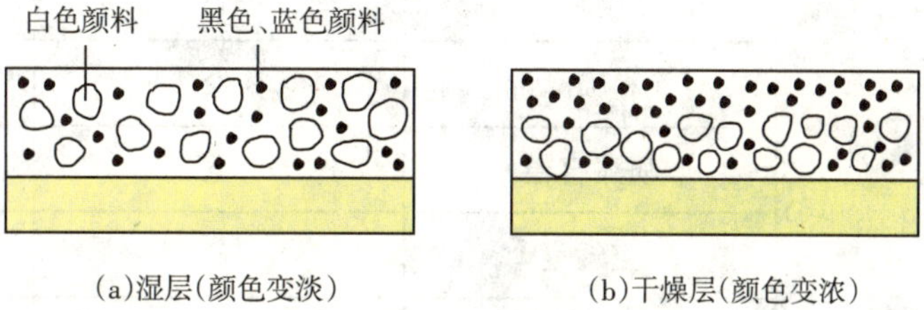

图4-1-14 颜料密度对干、湿涂层的影响

2. **铝粒子排列的影响**

铝粒子有规律地排列时，光就会向一定的方向反射，具有正反射(45°)明亮、水印和正面方向变暗的特点。湿层中容易在涂膜内引起对流，导致铝粒子的排列不规律，所以具有正反射(45°)发暗、水印和正面方向变明亮的特点。如图4-1-15所示。

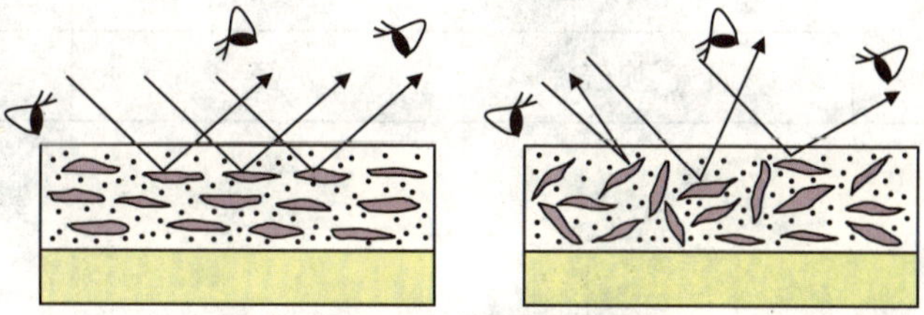

图4-1-15 铝粒子排列的影响

五、涂装条件的影响

不同涂装条件带来不同的颜色变化，包括稀释、喷枪、喷涂方法和喷涂环境的影响。见表4-1-2。

表1-1-2 涂装条件对颜色的影响

项目	涂料条件	色彩变淡（干涂层）	色彩变浓（湿涂层）
稀释	使用稀释剂	蒸发快	蒸发慢
	稀释剂的稀释	多	少
喷枪	喷嘴口径	小	大
	涂料喷涂量	少	多
	喷漆直径	宽	窄
	空气量	多	少
	喷射距离	远	近
	气压	高	低
喷涂方法	膜厚	薄	厚
	喷枪的运行	快	慢
	喷涂间隔时间	延长	缩短
	清漆涂饰	不做	做
喷涂环境	涂装时的温度	高	低
	涂装时的湿度	低	高
	通气、换气	好	不好

项目五 面漆工艺

任务一 面漆喷涂

任务目标

目标类型	目标要求
知识目标	(1)能知道面漆的作用 (2)能描述面漆的性能要求和类型 (3)能描述面漆施工的方法 (4)能描述漆面外观质量要求
技能目标	(1)能熟练使用面漆喷涂设备、工具和材料 (2)能按照面漆施工流程熟练完成喷涂作业 (3)能正确检查面漆喷涂外观效果
情感目标	(1)具有作业现场的“5S”习惯 (2)养成个人防护安全、环保观 (3)养成作业质量、效率观 (4) 具备汽车外观装饰美化的鉴赏能力

任务描述

对已完成中涂底漆打磨的车身修补板件，实施面漆喷涂，包括面漆喷涂前的遮蔽、面漆喷涂、面漆干燥等。

任务准备

一、面漆的作用、性能和分类

(一)面漆的作用

面漆是车身表面的油漆，是修补涂层最外面的可见涂膜，主要起装饰、标示和保护底层的作用。因此，汽车涂装对面漆的涂料、施工技术和质量要求很高。

(二)面漆的性能

由于面漆直接接触外界环境，既要防止老化起保护作用，又要满足装饰美观的作用，所以面漆的性能比底漆、中涂层需要更高的要求。

(1)外观。要求涂膜丰满、光滑、平整，色彩鲜艳，光泽度高，色差小。

(2)机械性能。要求具有良好的机械性能，良好的附着力、韧性，耐磨、耐划伤、耐冲击、耐变形等。

(3)耐候性能。要求具有良好的适应自然条件及气候环境，耐湿热性好，良好的耐老化性能，不易起泡、失光、变色、粉化。

(4)耐腐蚀性能。要求能与底漆涂层形成配套涂层，并能增强整体的防腐蚀能力。

(5)施工性能。要求具有良好的干燥性、遮盖力、重涂性等，适合修补施工作业。

(6)配套性。要求能与底漆涂层有良好的配套性，使用成本低等。

(三)面漆的分类

面漆的种类很多，分类方法也不同。一般可按施工工序分为单工序、双工序和三工序等，按颜色效果分为纯色漆、银粉漆和珍珠漆等，按固化机理分为溶剂挥发型、氧化型和交联反应型，按成膜物质分为硝基漆、醇酸漆和丙烯酸漆。具体分类时每种方法会有一些交叉。

(1)单工序面漆。指面漆层只喷涂一种涂料的喷涂系统。

(2)双工序面漆。指面漆层喷涂两种不同涂料的喷涂系统，一般是先喷涂色漆，然后再喷涂罩光清漆，两种涂层共同构成完整的面漆层。其中的色漆包括纯色漆、银粉漆和珍珠漆，纯色漆只含有纯色颜料，银粉漆中含有铝粉，珍珠漆含有云母颜料。

(3)三工序面漆。往往指面漆层喷涂采用珍珠漆喷涂系统，通常先喷底色漆，然后喷珍珠漆，最后喷罩光清漆，三个涂层共同构成完整的面漆层。三工序珍珠面漆效果完美，但施工复杂。

二、面漆的施工

面漆的施工要求很高，直接影响修补涂装的效果和效率。不同的面漆类型其施工流程、方法存在差异，现介绍面漆施工的一般流程。

(一)面漆喷涂前的准备

1. 面漆喷涂前的遮蔽

在喷涂面漆前，为了防止面漆喷涂或喷雾到不需要喷涂的车身部位表面、装饰条、密封条上，需进行必要的遮蔽贴护。最好在车辆移入烤漆房前在专门的遮蔽工位上完成。

(1)清洁。由于面漆喷涂是在烤漆房内进行，为了维护烤漆房的良好环境条件，应对车辆进行清洁，去除车轮、玻璃及外部表面、缝隙的灰尘等。如采用的是湿磨工艺，则应先用水冲洗干净，然后用吹枪吹干。千万不要在遮蔽后出现水迹而影响施工作业。

(2)除油。为了防止胶带的黏着,应对喷涂板件周围区域进行除油清洁。

(3)遮蔽。遮蔽的原则是将不需要面漆喷涂的部位、部件用遮蔽胶带、遮蔽膜(纸)保护起来。当遮蔽边界是密封条、饰条和把手时,沿这些边界贴护即可;当是在板件内进行局部修补时,应在喷涂的分界线采用反向贴护,避免喷涂台阶出现。

2. 面漆的调配

(1)严格按照面漆产品调配比例要求,正确选用、添加固化剂、稀释剂。

(2)搅拌均匀后,用厂家要求的专用过滤网过滤。

(3)选用面漆喷枪,并将过滤后的涂料装入喷壶。

3. 清洁除油、粘尘

使用清洁剂对工件进行清洁除油后,用粘尘布粘去表面的灰尘、纤维等细小杂质,减少面漆上的脏点、尘点。

4. 喷枪的调试

按照涂料厂家要求和喷枪的使用说明,合理调整喷枪的出漆量、喷幅和气压。通过在试枪纸上试喷,检查喷枪性能,调整喷涂效果,见表5-1-1。

表5-1-1 面漆喷枪的选用

面漆类型	喷枪要求
单工序素色漆	口径1.4 mm的上壶式或口径1.6 mm的下壶式面漆枪
双工序素色漆、银粉漆、珍珠漆	口径1.3～1.4 mm的上壶式或口径1.4～1.6 mm的下壶式面漆枪
清漆	口径1.3～1.4 mm的上壶式或口径1.4～1.6 mm的下壶式面漆枪
水性底色漆	口径1.2～1.3 mm,建议使用高流量低气压喷枪(HVLP)

通常面漆喷枪扇面调整为15～20 cm,喷枪气压参照表5-1-2调整。

表5-1-2 面漆喷枪的气压

喷枪类型	单工序素色漆枪尾气压(kPa)	双工序纯色漆、银粉漆和珍珠漆枪尾气压(kPa)	清漆枪尾气压(kPa)	水性底色漆枪尾气压(kPa)
传统喷枪	300~400	第一遍(第二遍)遮盖层300~400,雾喷层200	300~400	第一遍(第二遍)遮盖层300~400,雾喷层200
低流量中气压喷枪	200~220	第一遍(第二遍)遮盖层200~250,雾喷层150	200~250	第一遍(第二遍)遮盖层150~200,雾喷层120~150

续表

喷枪类型	单工序素色漆枪尾气压(kPa)	双工序纯色漆、银粉漆和珍珠漆枪尾气压(kPa)	清漆枪尾气压(kPa)	水性底色漆枪尾气压(kPa)
高流量低气压喷枪(HVLP)	180~200	第一遍(第二遍)遮盖层130~180,雾喷层110~120	180~200	第一遍(第二遍)遮盖层120~150,雾喷层100~120

(二)面漆的喷涂

1. 单工序素色漆的喷涂

(1)喷涂。整喷方法:可先进行中涂底漆区域预喷涂1~2层进行遮盖,一般再整体喷涂2层即可达到遮盖的膜厚,如果漆料遮盖力差也可喷涂3~4层,保证完全遮盖,每层中间需闪干5~10 min。

局部小修补喷涂方法:多采用驳口修补方法。喷枪扇面调整为10~15 cm,喷枪气压缩小至100 ~ 200 kPa,减少出漆量。先按照从小到大方式喷涂中涂底漆区域至完全遮盖,层间闪干5 ~ 10 min;然后以1:1比例添加驳口稀释剂,快速而均匀喷涂过渡的驳口区域;最后使用纯驳口稀释剂继续均匀喷涂过渡的驳口区域。

(2)干燥。闪干10 min后进行,烤房温度控制在60 ~ 80 ℃,在工件表面60 ℃下烤30 min即可烤干。

(3)清洗喷枪、喷壶。

(4)去除遮蔽纸。烘烤完成后,涂层未冷却前,及时去掉与修补涂膜连接的遮蔽胶带、遮蔽纸,保留其他的遮蔽用于抛光时的保护。

2. 双工序纯色漆、银粉漆和珍珠漆的底色漆喷涂

与单工序素色漆的喷涂相比,双工序纯色漆、银粉漆和珍珠漆底色漆的喷涂不同主要在于喷涂方法方面,其他步骤和工艺基本相同。

(1)整喷。

①首先,进行中涂底漆区域预喷涂1 ~ 2层进行遮盖,一般再整体喷涂2层即可达到遮盖的膜厚,保证完全遮盖,每层中间需闪干5 ~ 10 min。如连续喷涂过厚会导致溶剂挥发时形成失光、针孔、溶剂泡等现象。

②其次,对于银粉漆和珍珠漆应喷雾喷层,用以调整银粉和珍珠颗粒的排列,使颜色效果更好。

③最后,必须充分闪干后才可以喷涂清漆,需15 ~ 20 min的闪干时间。如果闪干不够,清漆中的溶剂会溶解底色漆的银粉、珍珠,导致银粉、珍珠起云、发花的现象出现。

注意:如底色漆膜出现脏点、尘点或轻微瑕疵时,可在充分干燥后采用P1000砂纸干磨处理,或采用P1500 ~ P2000砂纸湿磨处理,最后在打磨处理处补喷色漆。

(2)局部小修补喷涂方法:多采用驳口修补方法。喷枪扇面调整为10 ~ 15 cm,喷枪气压缩小至100 ~ 200 kPa,缩小出漆量。先按照从小到大方式喷涂中涂底漆区域至完全遮盖,层

间闪干5~10 min;然后均匀喷涂过渡的驳口区域,消除过渡痕迹,减小色差。

3. 三工序珍珠漆的底色漆、珍珠色漆的喷涂

三工序珍珠漆整喷难度极大,下面只以三工序珍珠漆的底色漆、珍珠色漆修补喷涂要点来介绍。

(1)喷涂底色漆层。逐层向外扩大喷涂区域,并要求完全遮盖中涂底漆。最后一层还可添加50%的稀释剂,向外延伸形成平滑的晕色区域。

(2)喷涂底色层清漆。采用按厂家说明配制的底色层清漆,薄喷修补区域1~2次,防止晕色区域因漆尘、静电形成的珍珠排列不均匀现象。

(3)喷涂珍珠层。

①可根据需要进行珍珠层浑浊喷涂,形成中间颜色层,使晕色区域模糊。一般采用在已稀释的珍珠层涂料中加入少量已稀释的底色层涂料。②依据分色试色板确定珍珠层喷涂层数,并逐层外延使颜色过渡良好,尽量消除色差。

注意:由于三工序珍珠漆的珍珠层层数多少对颜色影响十分明显,导致三工序珍珠漆喷涂的色差控制困难。因此,需要在喷涂前制作分色试色板,即喷涂不同层数的珍珠层进行比色,确定色差最小的珍珠层层数。

(4)喷涂清漆。确认三工序珍珠漆的底色漆、珍珠色漆的喷涂完毕后,进行清漆喷涂。

(三)清漆喷涂

双工序、三工序面漆的最后涂层是清漆层,清漆的作用主要是保证漆面的光亮度、丰满度的装饰美化,为底层提供保护性、耐久性。清漆有单组分、双组分之分,目前多用双组分清漆。具体的喷涂要点介绍如下:

1. 粘除底层漆尘

底层漆喷涂后常会在表面留下漆灰,可用粘尘布清洁表面。但必须是在底层漆膜完全干燥后进行。

2. 清漆的调配

(1)严格按照清漆产品调配比例要求,正确选用和添加固化剂、稀释剂。

(2)搅拌均匀后,用厂家要求的专用过滤网过滤。

(3)选用清漆喷枪,并将过滤后的涂料装入喷壶。

3. 喷枪的调试

按照涂料厂家要求和喷枪的使用说明,合理调整喷枪的出漆量、喷幅和气压。通过在试枪纸上试喷,检查喷枪性能,调整喷涂效果,通常清漆喷枪扇面调整为15~20 cm。

4. 清漆的喷涂

(1)整喷。一般喷涂2层。首先,按1/2重叠法中湿喷涂第一层,闪干5~10 min。其次,按3/4重叠法全湿喷涂第二层，闪干10 min。最后，充分闪干后进行干燥。烤房温度控制在60～80 ℃，在工件表面60 ℃时干燥30 min即可烤干。其他步骤和要点与前面介绍的单工序纯色漆的喷涂相同。

(2)局部小修补喷涂方法：多采用驳口修补方法。喷枪扇面调整为10～15 cm，喷枪气压缩小至100～200 kPa，减少出漆量。按照从小到大方式喷涂修补区域。首先，第一层采用中湿喷涂在底色区域；其次，待闪干5～10 min后，第二层采用全湿喷涂扩大喷涂区域，并按1:1比例添加驳口稀释剂，使驳口区域喷涂均匀化；最后，使用纯驳口稀释剂均匀驳口区域，消除过渡痕迹。

三、漆膜的外观检查

车辆板件修补涂装作业完成以后，应对漆膜质量进行检验，检验方法分为仪器检测法和目视检查法两种。在实际工作中，多采用目视检查法，通过在自然的光照下观察漆膜外观的形态来检验修补的漆膜效果。具体的漆膜外观检验项目及方法如下：

1.光泽度

光泽度即指亮度，是指漆膜表面受光照射时向一定方向反射的效果，即镜面效果。多在侧面进行观察，可在侧面观察对比前后板件(如前后车门)的光泽，比较其是否饱满、是否均匀一致。

2.纹理

纹理也称为“橘纹”，是指漆膜表面出现的类似橘皮状的纹理，与漆膜的流平性关系极大，流平性越差橘纹越明显，反之亦然。原装漆膜和修补涂膜都存在橘纹，如果存在喷涂技术不良、喷涂距离不当、喷涂厚度不合理等原因，则会形成橘纹过重或橘纹不明显的状况。可观察对比前后板件(如前后车门)的橘纹是否一致来评价，实际的经验是在日光灯光源照射下观察反射光的清晰程度。

3.平整度、线条形状

检查原子灰修补区域的表面是否平整，以及线型、弧型是否恢复原样，是否存在修补痕迹等。这些都可通过板件侧面观察表面的反射状态来判断。

4.鲜映性

鲜映性是涂膜表面在光照射下的综合反映，是光泽、纹理的综合效果，是漆膜平滑性和光泽度的共同反映。所以，鲜映性是涂膜外观装饰性的最重要指标，可通过观察对比前后板件(如前后车门)的成像清晰度来评价。

5.色差

色差是涂膜表面在光照射下的颜色差异，喷涂技术不良、喷涂手法不当、喷涂厚度不均等许多原因都会造成颜色的不同。色差可在不同角度观察前后板件(如前后车门)的颜色来评估。

6.其他缺陷

其他缺陷包括砂纸痕、原子灰印、流挂、脏点、鱼眼、起云、发花、露底、咬底等，这些可在明亮的光线下进行不同角度的观察。

任务实施

面漆喷涂作业（以双工序银粉漆整板喷涂为例）

一、作业准备

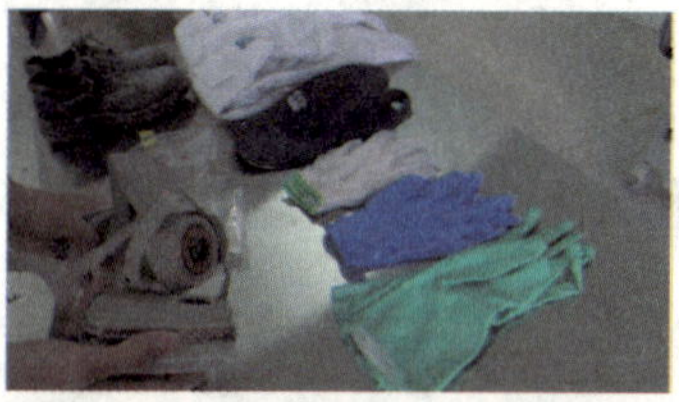	1. 防护用品的准备、检查
	2. 面漆工具、材料的准备、检查 提示：板件必须清洁除油彻底。

二、操作步骤

	1. 穿戴面漆作业防护用品 提示：喷涂作业时应穿防静电工作服。
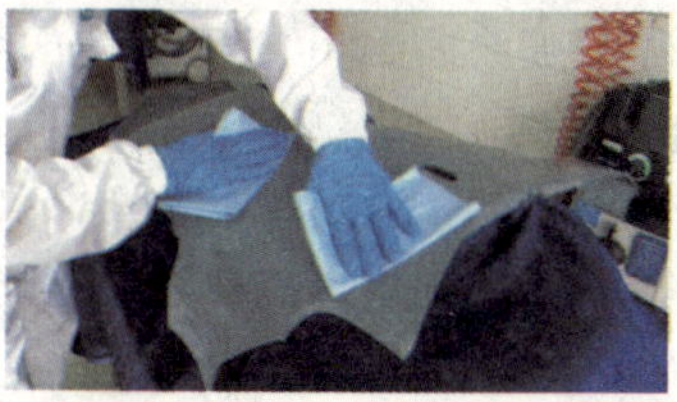	2. 面漆前的清洁、除油

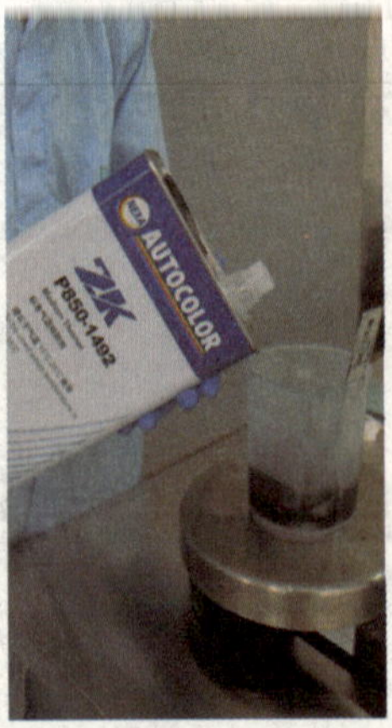	3. 底色银粉漆的准备 (1)底色银粉漆的调配。
	(2)试喷检查。
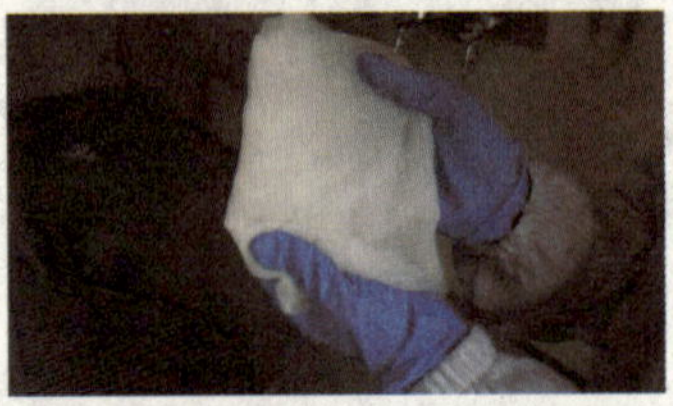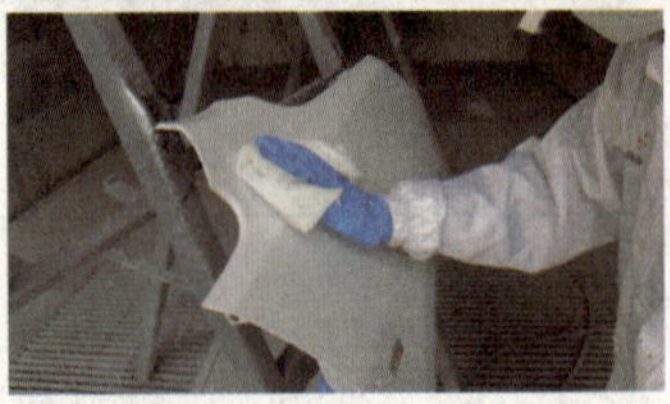	(3)粘尘。 ①将粘尘布完全打开,然后反向叠起。 ②把板件表面和边缘处的尘粒粘除干净。
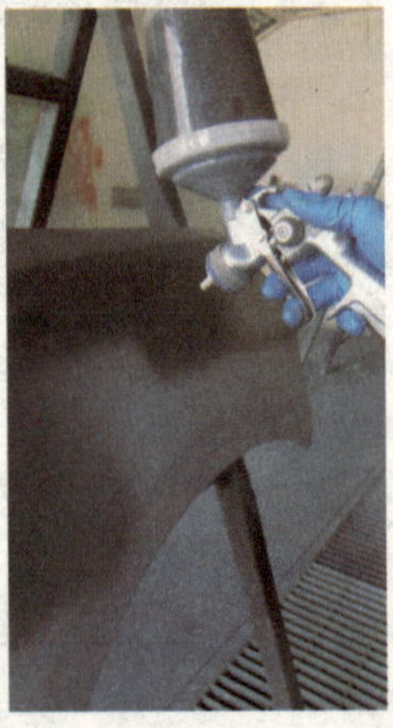	4. 底色银粉漆的喷涂 (1)整板喷涂2层即可达到遮盖的膜厚,保证完全遮盖,每层中间需闪干5~10 min。 提示:如连续喷涂过厚会导致溶剂挥发时形成失光、针孔、溶剂泡等现象。

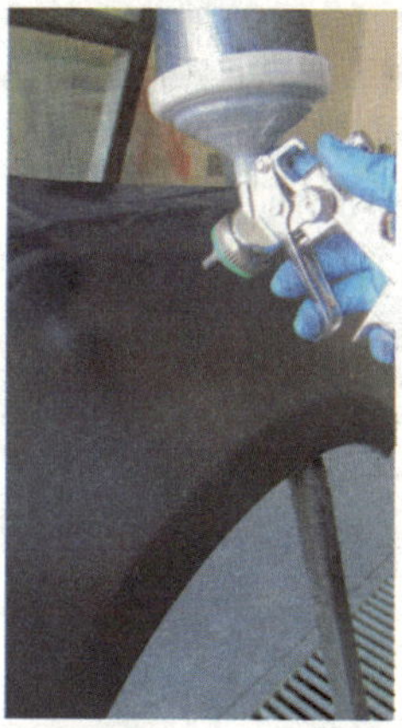	(2)整板雾喷。用以调整银粉和珍珠颗粒的排列,使颜色效果更好。
	5. 清漆喷涂前的准备 (1)清漆的调配。
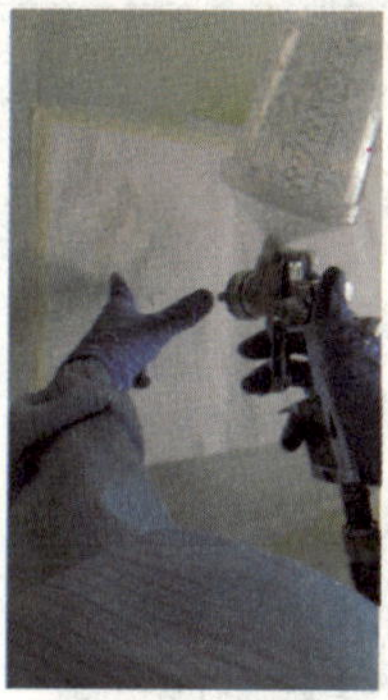	(2)试喷检查。
	6. 清漆喷涂 一般喷涂2层,中间闪干3～5 min。 提示:①必须充分闪干后才可以喷涂清漆,需15～20 min。如闪干不够,清漆中的溶剂会溶解底色漆的银粉、珍珠,导致银粉和珍珠起云、发花的现象出现。②如底色漆膜出现脏点、尘点或轻微瑕疵时,可在充分干燥后采用P1000砂纸干磨处理,或采用P1500~P2000砂纸湿磨处理,最后在打磨处理处补喷色漆。

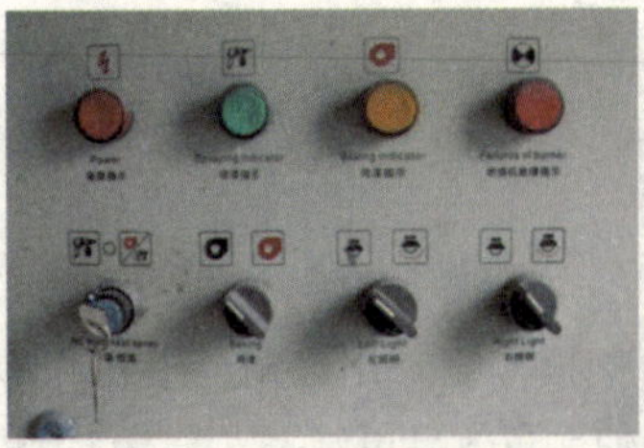	7. 充分闪干后进行干燥 烤房温度控制在 60 ~ 80 ℃,在工件表面 60 ℃时干燥 30 min 即可烤干。 其他步骤和要点与前面介绍的单工序纯色漆的喷涂相同。
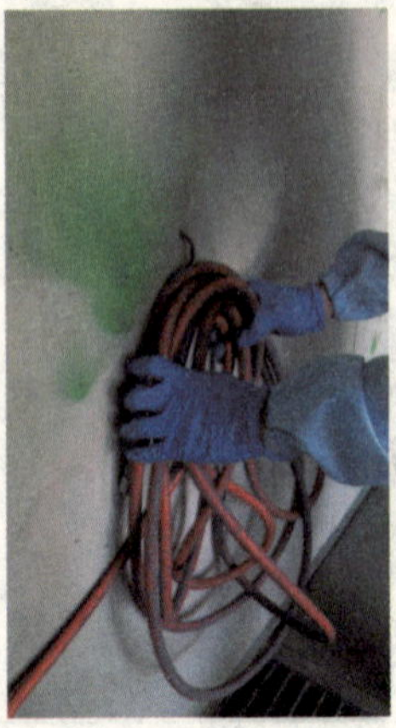	8. 整理、清洁 (1)整理气管。 (2)去除遮蔽纸。 (3)清洗喷枪、喷壶。

任务检测

一、选择题

1. 调整喷枪时,如果喷涂出的流痕两边长中间短,则表示(　　)。
   A. 出漆量调整过小　　B. 气压调整过高
   C. 扇面调整过宽　　D. 涂料黏度过高
2. 漆膜起雾产生的原因有(　　)。
   A. 天气比较潮湿　　B. 使用质量差的稀释剂
   C. 使用喷枪吹干溶剂型油漆的漆膜　　D. 使用干燥速度过快的稀释剂
3. 局部修补色漆、整喷清漆时,需要使用的打磨材料有(　　)。
   A. P800 ~ P1000 的精磨砂棉　　B. 红色菜瓜布
   C. P400 ~ P500 干磨砂纸　　D. 灰色菜瓜布
4. 喷枪的调整包括(　　)要素。
   A. 喷枪压力的调整　　B. 扇面的调整
   C. 涂料流量的调整　　D. 喷涂距离的调整

二、判断题

1. 面漆喷枪的喷幅相对比底漆喷枪更宽,雾化区比湿润区要更宽大。　　(　　)

2. 面漆前遮蔽可以在烤漆房内完成。 ( )

3. 喷涂面漆时,可先对中涂底漆部位喷涂1~2层面漆,以预先遮盖中涂底漆。( )

4. 漆膜表面如果出现起泡,可以通过抛光解决。 ( )

5. 面漆没有完全干燥即抛光会导致失光。 ( )

任务评价

班级:		姓名:				
评价内容	过程性评价		终结性评价		持续发展性评价	评价人
知识评价						自评
						互评
						教师评价
						总评
技能评价						自评
						互评
						教师评价
						总评
情感评价						自评
						教师评价
						企业评价
						总评

任务拓展

水性漆的喷涂

水性漆包括水性环氧底漆、水性中涂底漆、水性底色漆、水性清漆,目前广泛使用的是水性底色漆,其喷涂作业与油性漆喷涂有许多相同之处,下面以水性底色漆为例介绍水性漆喷涂的特点。

一、清洁除油、粘尘

使用水性清洁剂和溶剂型清洁剂分两次除油,须按照厂家说明选择清洁的顺序,采用干湿法对工件进行清洁除油,然后用粘尘布粘去表面的灰尘、纤维等细小杂质,减少面漆上的脏点、尘点。

二、水性底色漆的调配

(1)严格按照产品调配比例要求,正确选用、添加水性稀释剂,一般为10%~30%。

(2)搅拌均匀后,用厂家要求的水性专用过滤网过滤。千万不可使用普通过滤网过滤。

(3)选用水性底色漆喷枪,并将过滤后的涂料装入。

三、喷枪的选用、调试

按照涂料厂家要求选用水性底色漆喷枪,并按厂家喷枪使用说明,合理调整喷枪的出漆量、喷幅和气压。通过在试枪纸上试喷,检查喷枪性能,调整喷涂效果。

四、水性底色漆的喷涂

1.整喷

应按厂家说明施工。①喷涂方法。由于水性底色漆的遮盖力好,一般水性纯色底色漆先喷涂1个双层,最后喷一个雾喷层即可;水性银粉漆、珍珠底色漆可先喷涂2个双层,最后喷一个雾喷层即可。②吹干方法。层间需使用专用吹风机沿板件45°角、距离30~50 cm斜吹表面,吹干至哑光状态。③尘点处理。底色漆吹干后如表面存在尘点,可使用P1000精棉砂纸打磨去掉,然后在打磨区补喷一层水性底色漆并吹干。④清漆喷涂。在雾喷层完全干燥后进行清漆喷涂,喷涂要点与溶剂性类似。⑤烘烤。应按厂家说明进行烘烤,一般烤房温度控制在60~80 ℃,在工件表面60 ℃时干燥30 min即可烤干。

2. 局部小修补喷涂方法

多采用驳口修补方法。喷枪气压缩小至120~150 kPa,减少出漆量。首先,在底色漆修补区域向外50 cm范围喷水性漆控色剂;其次,按从小到大的方法喷涂水性底色漆遮盖中涂底漆。水性纯色底色漆一般喷涂1个双层后即可进行驳口过渡;水性银粉漆、珍珠底色漆可喷涂2个双层至完全遮盖中涂底漆后即可进行驳口过渡。每喷1个双层需使用专用吹风机沿板件45°角、距离30~50 cm斜吹表面,吹干至亚光状态。局部小修补喷涂的步骤及要点与整喷一样。

任务二　抛光处理

任务目标

目标类型	目标要求
知识目标	(1)能理解抛光的作用、分类 (2)能描述抛光的机理 (3)能描述抛光的设备和材料 (4)能描述抛光的流程
技能目标	(1)能熟练使用抛光的设备、工具和材料 (2)能按照抛光施工流程熟练完成抛光作业
情感目标	(1)具有作业现场的“5S”习惯 (2)养成个人防护安全、环保观 (3)养成作业质量、效率观 (4) 养成汽车外观装饰美化的鉴赏能力

任务描述

对已完成面漆喷涂的车身修补板件，经完全干燥后应实施面漆后的处理，即抛光作业。

任务准备

一、抛光的作用和分类

(一)抛光的作用

抛光的目的是“出光泽”，是为了增加漆膜的光泽度与平滑度，消除漆面的漆粒、“橘皮”和轻微的流痕、划痕、砂纸痕等细小缺陷。抛光适用于新喷涂面漆和旧漆膜翻新，新车、出售车、修补车辆漆面常常采用抛光提高漆面外观效果。

一般来说，抛光后可以通过打蜡来保护漆膜。打蜡的蜡质在漆膜表面干燥后形成薄的蜡膜，蜡膜可以反射阳光的紫外线，从而降低紫外线对漆膜的破坏；蜡膜具有一定的硬度，可以减轻漆膜的划伤；蜡膜还可以提高漆膜的光泽度、丰满度。

（二）抛光的分类

抛光按不同的漆膜条件可分为新喷涂面漆抛光和旧漆膜翻新抛光。

1. 新喷涂面漆抛光

修补喷涂面漆的表面会存在细小的缺陷，会存在尘点、流痕、“橘皮”和轻微的流痕、划痕、砂纸痕，为了与相邻板件的表面效果一致，应对新喷涂面漆进行抛光作业。

一般新车的新涂膜不需要抛光。但如果新车在生产、运输、存放上造成灰尘、麻点或划痕等现象，也应在新车交付车主前进行抛光。

2. 旧漆膜翻新抛光

使用过程中的车辆，常会受使用环境条件的不良影响而产生缺陷，如涂膜表面老化出现侵蚀，附着有水锈、污物，形成细微划痕等。对使用过程中的车辆抛光打磨能清除污物，恢复光泽。

二、抛光的机理

（一）面漆涂膜表面抛光的效果

由于漆面的光泽是受到光的反射作用而形成的，光泽与涂膜表面平滑度有直接的关系。如涂膜表面粗糙，光就会扩散反射到表面上形成无数个小痕迹，使光泽降低；如对漆面实施抛光作业，使涂膜表面平滑，光就会反射到平滑表面上使光泽提高。如图5-2-1所示。

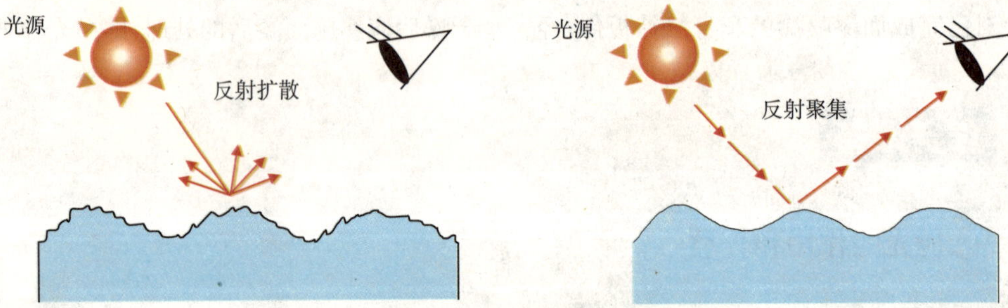

图5-2-1 漆面光泽与涂膜表面平滑度的关系

（二）抛光效果的影响因素

影响抛光效果的主要因素包括压力、粒度、速度。因此，在实际的抛光作业时应协调、平衡三者的关系。同时，要注意抛光时产生的摩擦热和静电，它们会对抛光作业带来不利的影响。如图5-2-2所示。

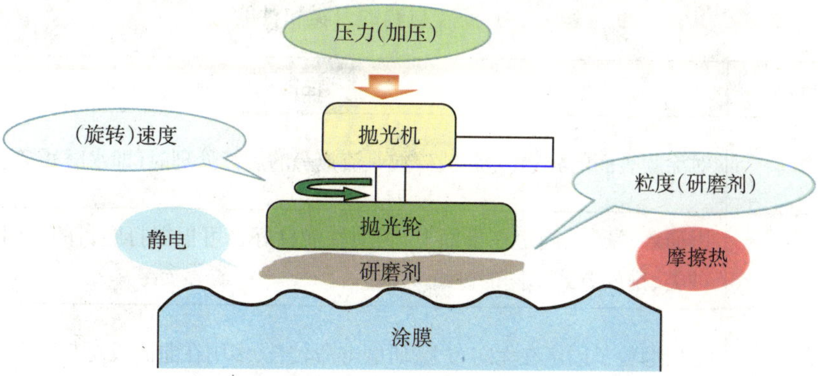

图5-2-2 抛光效果的影响因素

(三)抛光作业的注意事项

(1)对修补涂膜的抛光,一定要在涂膜充分干燥固化后才能进行。

(2)应根据面漆类型和颜色来选择抛光剂,如深色颜色选用深色的抛光剂。

(3)如抛光面积较大,可将抛光机转速调整为1200 r左右,以缩短作业时间。

(4)由于抛光剂含有溶剂,需避免长时间涂抹在漆面上,否则会引发漆膜变化。

三、抛光机和研磨材料

(一)抛光机

抛光机是高质量、高效率地完成抛光作业必要的工具。抛光机根据驱动方式的不同,可分为电动式、气动式;根据旋转方式的不同,可分为单动作、双动作。抛光机本身有一定的重量,抛光研磨时可利用这个重量进行稳定。

(二)抛光盘(轮)

抛光盘是安装在抛光机上,用来涂抹抛光剂打磨涂膜的工具。按材料可分为海绵、羊毛、毛巾抛光盘。抛光盘的种类不同,其研磨力的大小不同,需注意选用。一般研磨力大小为毛巾抛光盘最大、羊毛抛光盘次之、海绵抛光盘最小。

需要注意的是抛光盘的清洁。抛光盘使用时会黏附大量的抛光粉末、脏物,对漆面会造成划伤,应及时对抛光盘进行清洁。清洁方法如下:①气压清洁。一般添加抛光剂3~5次后进行。②毛刷清洁。一般气压清洁2~4次后进行,注意金属类毛刷清洁时易损伤羊毛、海绵。③洗涤。当抛光盘表面赃物多时,用清洗剂浸泡清洁。

(三)研磨材料

抛光作业使用的研磨材料对漆面起研磨的作用,主要有研磨石、水砂纸、百洁布、膜状砂纸和抛光剂。研磨材料需根据漆面状况和作业工序等合理选用,见表5-2-1。

表5-2-1 研磨材料的分类和性能

研磨材料	性能
研磨石	对涂膜表面的异物(尘粒或碎粒)、流痕等的后续处理时(即水磨)需使用研磨石
砂纸	因研磨粒子被固定在平面上,切削性能良好。可根据打磨目的选用粒子大小、种类、排放方式不同的砂纸
百洁布	把研磨粒子固定在无纺布上,研磨寿命较长,多用在曲面或复杂形状部位的打磨
超精密研磨材料	把研磨粒子黏结在底片上,打磨后漆膜的肌理效果好,能使复合物抛光研磨的时间缩短
抛光剂	由于是游离的粒子,研磨粒度小,配合使用抛光盘导致切削量的变化,不会形成深的伤痕,容易得到光泽,使用广泛

(四)抛光剂

1. 抛光剂的组成

常用的抛光剂由研磨粒子(二氧化硅、氧化铝、硅酸铝等)、水和混合溶剂、乳化剂、上光剂等成分组成,其中研磨粒子用于研磨涂膜,水和混合溶剂用于辅助研磨、提高作业效率,乳化剂用于保持整体的均匀状态,上光剂用于提高光泽度。

2. 抛光剂的特性

抛光剂的特性表现为粒度越粗其研磨力越强,抛光效果越差,反之粒度越小其研磨力越小,抛光效果越好。抛光开始时抛光剂呈凝胶状,随后会变成粉状,在抛光过程中研磨力会越来越小,而抛光效果越来越好。如图5-2-3所示。

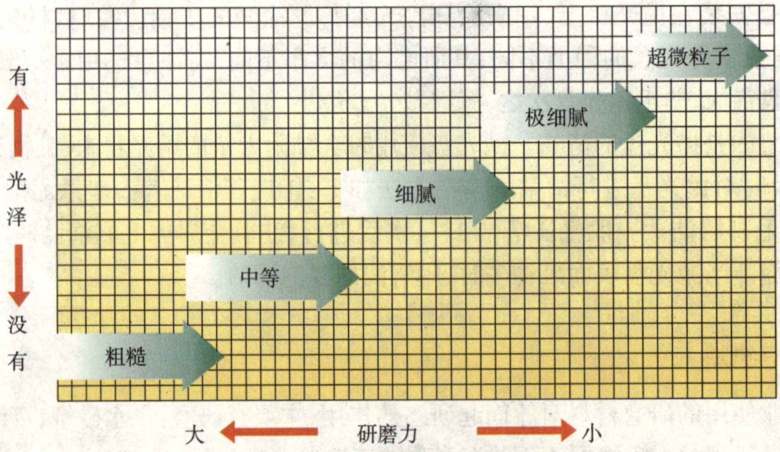

图5-2-3 抛光剂研磨力和光泽的关系

3. 抛光剂的使用方法

为了熟练地使用抛光剂，要充分了解研磨材料的特性，需要注意以下事项：

(1)抛光剂的用量。抛光剂的用量要求，一般一次以研磨边长为50 cm正方形为基准，使用3～4个弹珠球的抛光剂量。如太多则易打滑，造成不能研磨的时间变长；反之，如太少则抛光剂很快会干燥，造成研磨量不足。

(2)涂抹抛光剂的方法。为了能将抛光剂在抛光盘面上均匀扩展，防止抛光剂的飞溅，应直接在抛光盘上分几个地方涂抹，尽量不要直接在车身上涂抹抛光剂。

(3)转速调整。为了防止抛光剂的飞散，开始抛光时将抛光盘轻轻压在涂膜面，低速旋转使全部抛光剂融合到抛光盘上，而后逐渐增加转速，千万不要一下子就使研磨机高速旋转。对于没有旋转速度调整结构的研磨机，应多分几次开关调整其旋转速度。

注意：抛光剂飞散后到附近区域，长时间放置就会导致溶剂侵蚀漆面。

(4)添加抛光剂。当研磨作业至完全干燥时，抛光剂会变成粉状而失去研磨力。因此，在抛光剂变成粉状之前需适量添加抛光剂。另外，在有较多的溶剂和水分的状态下也应添加，否则抛光剂本来的性能不能充分发挥。

(5)水的使用。在研磨作业的不同环节、场所，水的使用目的和方法不同。见表5-2-2。

表5-2-2 水的使用

用水时机	用水目的	施工方法
抛光剂干燥时	帮助研磨	喷雾。在抛光轮或涂装面上直接喷极少量水，使干燥状态的研磨粒子可再利用
局部研磨，发热使板件膨胀时	降低板件的温度	用干净的毛巾吸水后擦拭板件
湿度低、容易带电时	防止静电	先对板件轻轻雾喷，再用干净的毛巾抹拭

为了提高抛光剂的抛光效果和作业效率，需注意以下方面：①避免打磨过热现象出现。抛光剂的操作方法要正确，抛光机的运行速度要控制，作业环境温度不能过高等。②尽量清洁灰尘，及时清洁抛光轮和粉尘。③尽量清除污垢(如蜡和密封胶)，否则异物会弄伤涂膜，蜡和密封胶会产生“溶渣”，致使打磨抛光作业困难。

(五)抛光轮与抛光剂的关系

根据打磨目的不同，对研磨材料的材质、种类及粒度要求也不同。因此，抛光剂和抛光轮配合的选择十分重要。见表5-2-3。

表5-2-3 抛光轮与抛光剂的关系

抛光剂的种类	用途	配合的抛光轮
粗糙	粗研磨使用	毛巾抛光轮
中等		
细腻	中研磨使用	羊毛抛光轮
极细腻	完成研磨使用	海绵抛光轮（发泡粗糙型）
超微粒子	完成浓彩色漆面研磨使用	海绵抛光轮（发泡细腻型）

注意：由于研磨材料含少量的二氧化硅和氧化铝，如按中等→细腻→极细腻顺序打磨，则能除去研磨痕；如按中等→极细腻的顺序就很难除去研磨痕，会留下抛光漩涡痕。

四、抛光流程

（一）抛光前的遮蔽

为了防止抛光打磨时损伤其他车身部位、部件，避免抛光剂、粉尘沾在不需要打磨的漆膜表面，需要在抛光前进行遮蔽保护，一般可利用面漆喷涂时的遮蔽。

（二）打磨缺陷部位

通常可用半弹性垫块衬P1000水磨砂纸打磨缺陷部位，然后依次使用P1500、P2000水磨砂纸打磨缺陷部位。也可用偏心距小于3 mm的双动作打磨机配合P1000、P2000、P4000水磨砂纸依次打磨缺陷部位，要求把流痕、划痕、脏点打磨平整，达到无光状态。同时，需注意不能打磨过度，使漆膜打穿，否则要重新喷涂处理。

（三）抛光打磨

1. 粗磨

(1)清洁抛光区域。

(2)使用白色羊毛抛光轮配合粗抛光剂抛光打磨，转速1000 ~ 1500 r/min。一次打磨面积不宜过大，长宽分别为60 cm。注意边角、棱角不要磨穿。要求磨除砂纸痕，呈现部分光泽。

2. 细磨

(1) 清洁粗抛光残留物，需要使用干净的软布擦干净。

(2)使用黄色海绵抛光轮配合细抛光剂抛光打磨，转速1800 r/min。要求磨除粗磨砂纸痕，呈现良好的亮光度和丰满度。

(3)对于深色漆面，使用黑色海绵抛光轮配合更细抛光剂打磨，消除前一道抛光痕迹。

注意：对于局部修补区域的打磨，由于修补区域边缘涂膜薄，应使用小型抛光机配合细抛光剂抛光，不需要粗打磨。

(四)抛光后的清洁

使用干净的软布擦净抛光区域。

任务实施

一、作业准备

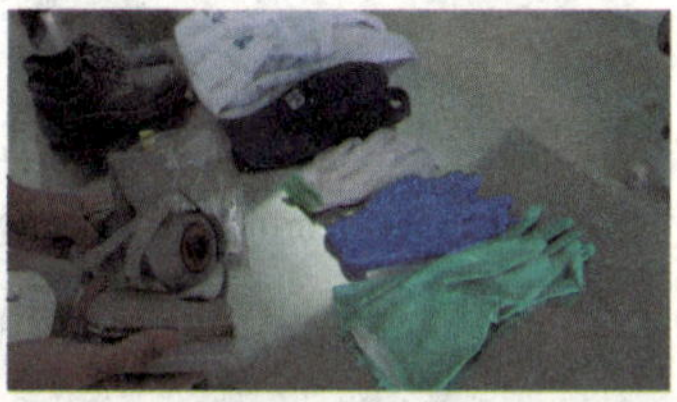	1. 防护用品的准备、检查
	2. 抛光工具、材料的准备和检查

二、操作步骤

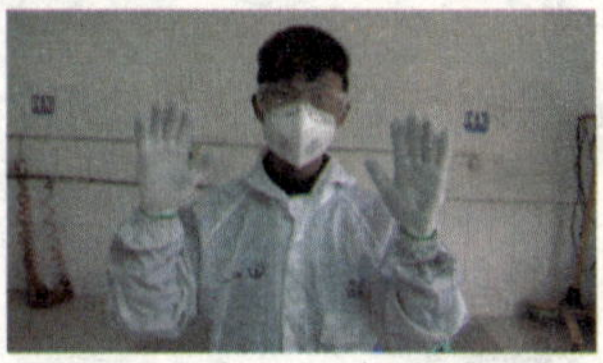	1. 穿戴防护用品 2. 抛光前的遮蔽 一般可利用面漆喷涂时的遮蔽。
	3. 打磨缺陷区域 可先用半弹性垫块衬P1000水磨砂纸打磨，然后依次使用P1500、P2000水磨砂纸打磨缺陷部位。也可用偏心距小于3 mm的双动作打磨机配合P1000、P2000、P4000水磨砂纸依次打磨缺陷部位。要求把流痕、划痕、脏点打磨平整，达到无光状态。 提示：不能打磨过度，将漆膜打穿，否则要重新喷涂处理。

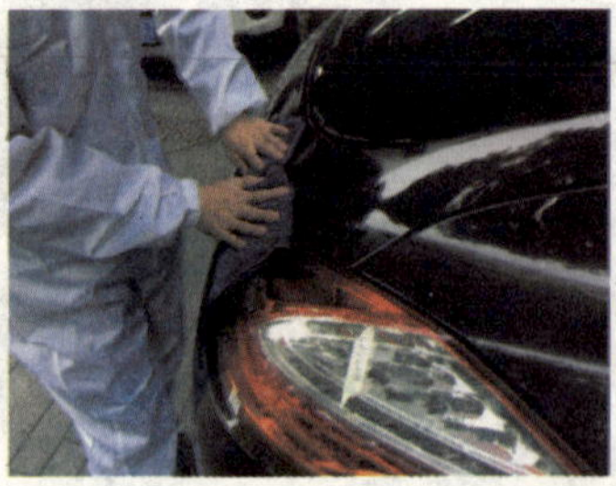	4. 抛光打磨 (1)粗磨。 ①清洁抛光区域。
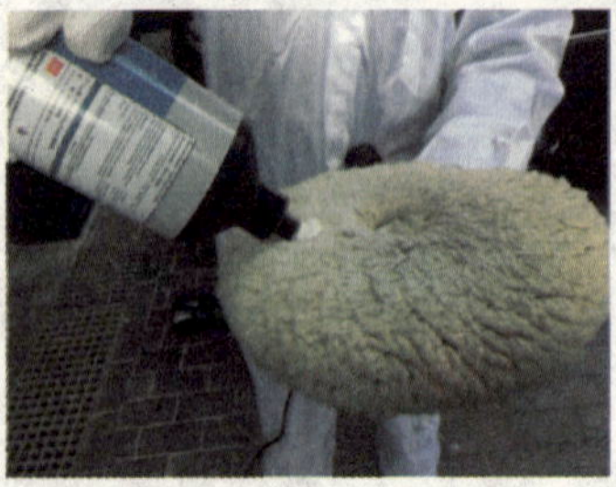	②使用白色羊毛抛光轮配合粗抛光剂抛光打磨,转速1000~1500 r/min。一次打磨面积不宜过大,长宽分别为60 cm。注意边角、棱角不要磨穿。 提示:要求磨除砂纸痕,呈现部分光泽。

	(2)细磨。 ①清洁粗抛光残留物,需要使用干净的软布擦干净。
	②选用深色海绵抛光轮配合细抛光剂抛光打磨。

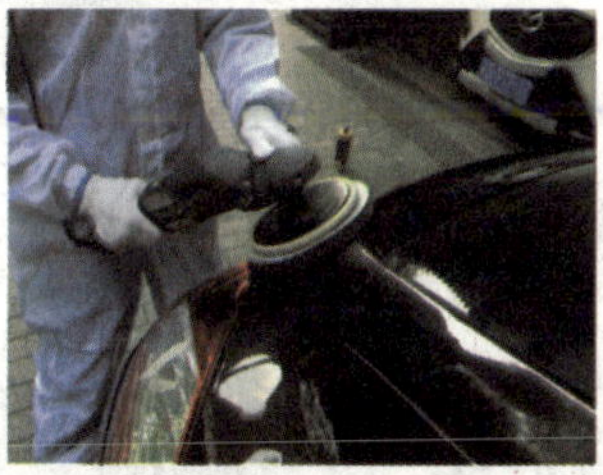	③调整转速为1800 r/min。要求磨除粗磨砂纸痕，呈现良好的亮光度和丰满度，消除前一道抛光痕迹。 提示：对于局部修补区域的打磨，由于修补区域边缘涂膜薄，应使用小型抛光机配合细抛光剂抛光，不需要粗打磨。
	5. 抛光后的清洁、整理 使用干净的软布擦净抛光区域。按照“5S”规范清洁、整理工位、工具和材料等。

任务检测

1. 抛光使用的打磨机的偏心距比研磨中涂底漆的打磨机的偏心距大。（　　）

2. 抛光主要是为了消除漆面的颗粒、轻微流痕、“橘皮”等漆膜表面缺陷，增加漆膜的光泽度与平滑度。（　　）

3. 打蜡的作用是保护漆面，抛光的作用是去除漆面缺陷。（　　）

4. 抛光时应该佩戴活性炭防护口罩、防护眼镜和安全鞋。（　　）

5. 抛光可以使用小型打磨机和抛光机进行点打磨和点抛光，高效且材料成本低。（　　）

6. 白色羊毛抛光轮用于细抛光。（　　）

7. 浅色的漆面抛光后更容易看出抛光轮转动形成的抛光纹痕迹。（　　）

8. “橘皮”比较轻微时，可以打磨、抛光处理；若比较严重时，需要打磨至“橘皮”完全去除后重新喷涂。（　　）

9. 羊毛抛光轮的研磨力比海绵抛光轮的研磨力大，抛光平滑性更好。（　　）

10. 双动作抛光机的切削力、研磨力都比单动作抛光机大。（　　）

任务评价

班级：		姓名：				
评价内容	过程性评价		终结性评价		持续发展性评价	评价人
知识评价						自评
						互评
						教师评价
						总评
技能评价						自评
						互评
						教师评价
						总评
情感评价						自评
						教师评价
						企业评价
						总评

任务拓展

一、深度划痕的抛光处理

漆膜表面形成的划痕有深浅和大小的不同，其中深度划痕比起细微划痕而言，由于反射量小表现不显眼，难以确认；同时，仅采用一般的研磨方法难以去除，难以恢复光泽。实践中可参照图5-2-4所示，针对划痕调整抛光轮的移动方向、旋转方向，使划痕的棱角磨掉变圆，划痕就不易看见。

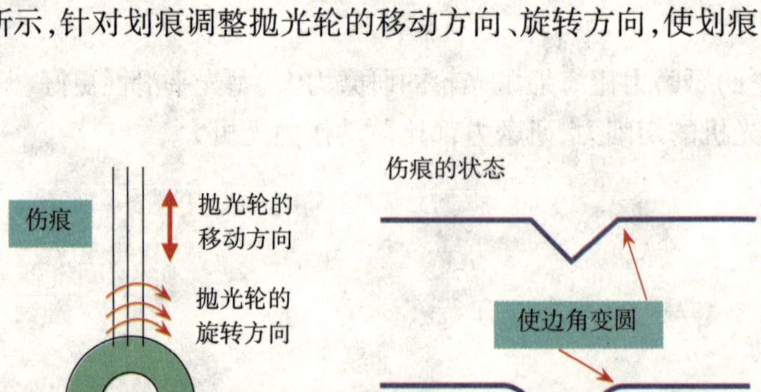

图5-2-4 深度划痕的抛光处理

二、驳口修补区域的抛光处理

车身修补涂装包括整块修补、驳口修补及小范围修补等，驳口修补及小范围修补作业往往会出现驳口区域周边的纹理粗糙，驳口水也会影响漆膜光泽。因此，驳口修补区域的抛光处理十分重要，可以使粗糙的肌理变好和出现光泽，如图5-2-5所示。具体的抛光作业可以按清洁、水研磨、抛光剂研磨的顺序来进行。

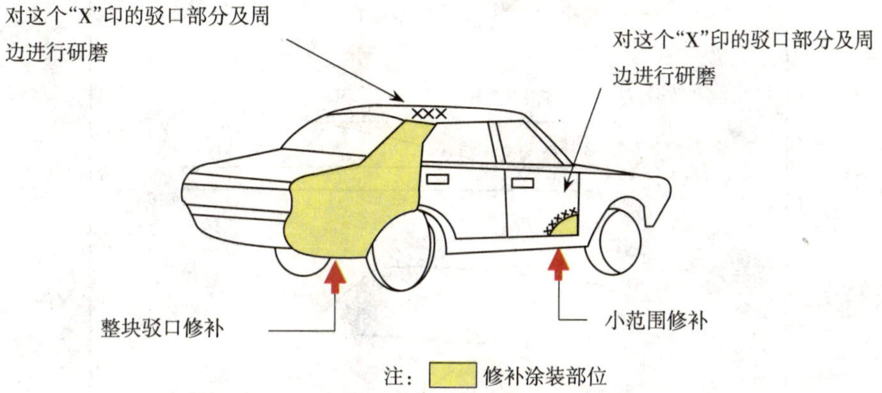

图5-2-5 驳口修补区域

1. 清洁除油

驳口区域周围用不含硅的除油剂和毛巾来清洁除油。

2. 水研磨

如图5-2-6所示，可用P3000的水砂纸在图中“X”印驳口部位进行水研磨。从修补区向未修补区方向研磨，并注意不要磨掉修补涂膜。对于使用了驳口水的区域，可不用砂纸研磨，但对附有灰尘、碎粒的部位还是要用砂纸研磨。然后，检查修补驳口部位接近旧涂膜(图中“○”)处，如果有麻点、微小尘粒，可用P3000的水砂纸轻轻研磨。

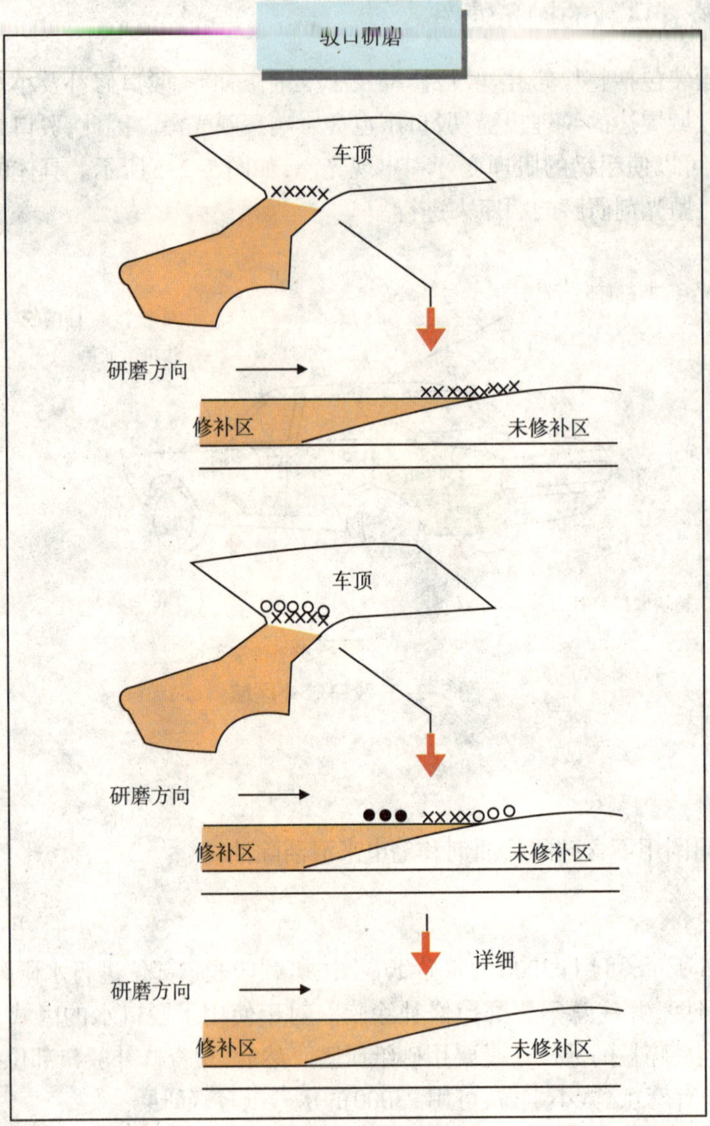

图5-2-6 水研磨

3. **抛光剂研磨**

首先，将砂纸研磨好的部位及周边（未修补涂膜和修补涂膜的一端）用细腻抛光剂研磨；其次，在细腻抛光剂研磨后，用超细腻抛光剂研磨；最后，用超微粒子抛光剂从修补区到未修补区域进行研磨，使驳口部分的肌理平滑并有光泽。如图5-2-7所示。

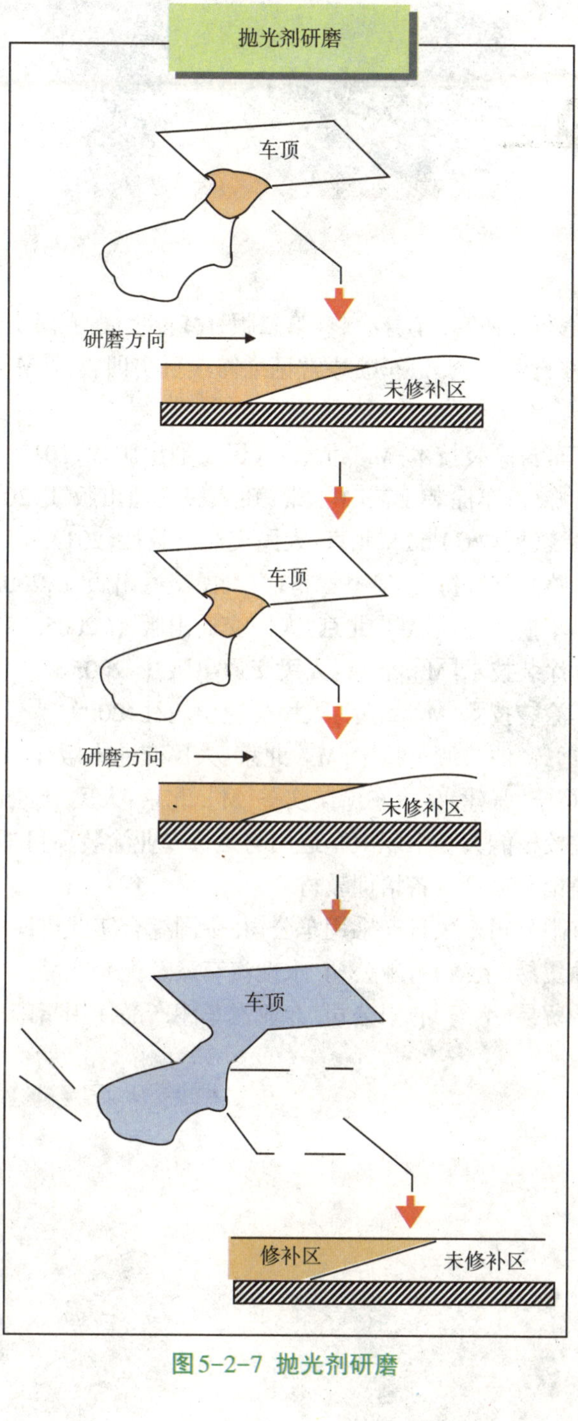

图5-2-7　抛光剂研磨

参考文献

[1] 中国汽车维修行业协会. 车身涂装(第二版)[M]. 北京:人民交通出版社,2014.

[2] 中国汽车维修行业协会. 汽车喷漆常见维修项目实训教材[M]. 北京:人民交通出版社,2011.

[3] 雍朝康. 汽车车身涂装技术[M]. 北京:人民交通出版社,2013.

[4] 易建红,李秀峰. 汽车涂装工艺[M]. 北京:人民交通出版社,2012.

[5] 陈虹. 车身涂装(模块G)[M]. 北京:人民交通出版社,2013.

[6] 徐华东. 汽车喷涂与装饰工艺[M]. 北京:人民交通出版社,2002.

[7] 程玉光. 汽车车损与定损[M]. 北京:人民交通出版社,2005.

[8] 程玉光. 汽车涂装技术[M]. 北京:人民交通出版社,2005.

[9] 陈纪民. 汽车涂装技术[M]. 北京:人民交通出版社,2009.

[10] 王亚平,马远辉. 油漆调色技术[M]. 北京:人民交通出版社,2010.

[11] 王之政,王裕宁,张建兴. 汽车涂装实务[M]. 北京:人民交通出版社,2008.

[12] 全国职业院校技能大赛中职汽车运用与维修专业涂装项目理论题库.

[13] 德国萨塔喷枪及喷涂设备培训教材.

[14] 东风汽车有限公司东风日产乘用车公司. 中国综合实践讲座涂装课程.

[15] 庞贝捷漆油贸易(上海)有限公司. 水性汽车漆及配套产品.

[16] 庞贝捷漆油贸易(上海)有限公司. 专业汽车漆产品使用指南.